#최강단원별연산
#교과서단원에맞춘연산교재
#연산유형완벽마스터
#재미UP!연산학습

계산박사

**Chunjae
Makes
Chunjae**

▼

기획총괄	김안나
편집개발	이근우, 서진호, 한인숙
디자인총괄	김희정
표지디자인	윤순미, 박민정
내지디자인	박희춘
제작	황성진, 조규영

발행일	2023년 8월 1일 5판 2024년 8월 1일 2쇄
발행인	(주)천재교육
주소	서울시 금천구 가산로9길 54
신고번호	제2001-000018호
고객센터	1577-0902
교재 구입 문의	1522-5566

최강 **단원별** 연산

계산
박사

── POWER ──

3 단계

최강 **단원별** 연산

계산박사 만의

남다른 특징

1

교과서 단원에 맞춘 연산 학습

교과서 주요 내용을 단원별로 세분화하여 교과서에 나오는 연산 문제를 반복 연습할 수 있어요.

1 대표 문제를 통해 개념을 이해해 보세요.

2 배운 내용을 아래 문제에서 연습해 보세요.

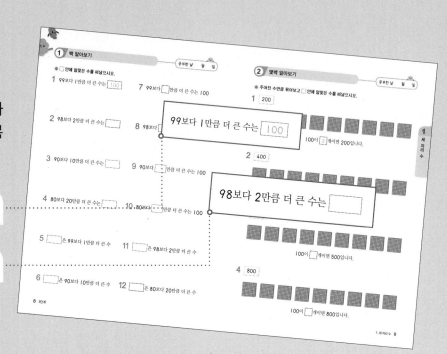

2

QR 코드를 통한 문제 생성기, 게임 무료 제공

QR 코드를 찍어 보세요.

문제 생성기 와 **학습 게임** 이 무료로 제공됩니다.

문제 생성기 같은 유형의 여러 문제를 더 풀어 볼 수 있어요.

학습 게임 주제와 관련된 재미있는 학습 게임을 할 수 있어요.

차례

1 세 자리 수

제1화 게임 밖으로 나온 콩콩이!

으아! 뭐야! 게임 속 캐릭터 콩콩이잖아.

어떻게 된 거야!

덜덜덜

네가 하도 게임에서 날 죽이니까 게임 밖으로 나왔다.

덜덜

좀 잘할 수 없냐?

어…어.

현수는 잘하는 게 없거든.

게임은 너보다 더 잘하거든.

난 게임을 안 해!

지금까지 너처럼 게임 못하는 애는 처음 봤다.

게임 세상에서 한 100번은 죽은 것 같아.

100번?

90보다 10만큼 더 큰 수가 100이야.

100은 백이라고 읽습니다.

이미 배운 내용	이번에 배울 내용	앞으로 배울 내용
[1-2 100까지의 수] • 두 자리 수 알아보기 • 두 자리 수 쓰고 읽기 • 크기 비교하기	• 백, 몇백 알아보기 • 세 자리 수 쓰고 읽기 • 세 자리 수의 자릿값 • 두 수의 크기 비교	[2-2 네 자리 수] • 네 자리 수 쓰고 읽기 • 네 자리 수의 자릿값 • 두 수의 크기 비교하기

배운 것 확인하기

1 두 자리 수 읽기

☀ 수를 두 가지로 읽어 보시오.

1 65 ⇨ (육십오)
(예순다섯)

> 65를 육십다섯 또는 예순오라고 읽지 않도록 주의해.

2 32 ⇨ ( )
( )

3 63 ⇨ ( )
( )

4 29 ⇨ ( )
( )

5 85 ⇨ ( )
( )

6 51 ⇨ ( )
( )

2 두 자리 수 쓰기

☀ 수를 써 보시오.

1 열여덟 ⇨ (18)

> 십의 자리 숫자와 일의 자리 숫자를 구분해서 쓰도록 해.

2 팔십칠 ⇨ ( )

3 서른아홉 ⇨ ( )

4 오십이 ⇨ ( )

5 마흔하나 ⇨ ( )

6 육십오 ⇨ ( )

7 일흔일곱 ⇨ ( )

3 두 수의 크기 비교하기

☀ 두 수의 크기를 비교하여 ○ 안에 > 또는 <를 알맞게 써넣으시오.

1 51 ⊙ 39

5>3
십의 자리 숫자가 클수록 큰 수입니다.

십의 자리 숫자가 같을 때에는 일의 자리 숫자를 비교해 봐.

2 76 ○ 68

3 59 ○ 81

4 43 ○ 25

5 33 ○ 36

6 89 ○ 92

7 65 ○ 58

4 뛰어 세기

☀ 10씩 뛰어서 세어 보시오.

1

십의 자리 숫자가 1씩 커집니다.

2

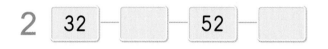

3

4

☀ 1씩 뛰어서 세어 보시오.

5

6

7

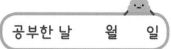
☀ ☐ 안에 알맞은 수를 써넣으시오.

1 99보다 1만큼 더 큰 수는 ☐100

7 99보다 ☐ 만큼 더 큰 수는 100

2 98보다 2만큼 더 큰 수는 ☐

8 98보다 ☐ 만큼 더 큰 수는 100

3 90보다 10만큼 더 큰 수는 ☐

9 90보다 ☐ 만큼 더 큰 수는 100

4 80보다 20만큼 더 큰 수는 ☐

10 80보다 ☐ 만큼 더 큰 수는 100

5 ☐ 은 99보다 1만큼 더 큰 수

11 ☐ 은 98보다 2만큼 더 큰 수

6 ☐ 은 90보다 10만큼 더 큰 수

12 ☐ 은 80보다 20만큼 더 큰 수

☀ 주어진 수만큼 묶어보고 ☐ 안에 알맞은 수를 써넣으시오.

1 200

100이 2 개이면 200입니다.

2 400

100이 ☐ 개이면 400입니다.

3 500

100이 ☐ 개이면 500입니다.

4 800

100이 ☐ 개이면 800입니다.

☀ 수 모형에 맞게 ☐ 안에 알맞은 수를 써넣으시오.

1

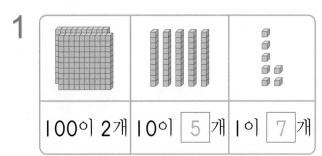

100이 2개 10이 ☐5☐개 1이 ☐7☐개

⇨ ☐ 257 ☐

백 모형이 2개, 십 모형이 5개,
일 모형이 7개이므로 257입니다.

각 모형의
수를 세어 봐.

4

100이 4개 10이 ☐개 1이 ☐개

⇨ ☐

2

100이 5개 10이 ☐개 1이 ☐개

⇨ ☐

5

100이 7개 10이 ☐개 1이 ☐개

⇨ ☐

3

100이 6개 10이 ☐개 1이 ☐개

⇨ ☐

6

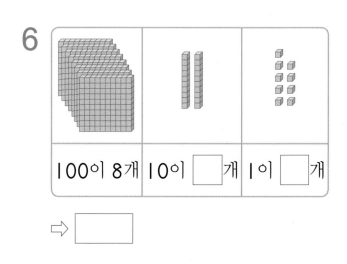

100이 8개 10이 ☐개 1이 ☐개

⇨ ☐

4 세 자리 수 읽기

☀ 수를 읽어 보시오.

자리의 숫자가 0일 때에는 읽지 않아.

1 159 ⇨ (백오십구   )

백의 자리부터 차례로 읽습니다.

7 340 ⇨ (   )

2 416 ⇨ (   )

8 820 ⇨ (   )

3 569 ⇨ (   )

9 336 ⇨ (   )

4 981 ⇨ (   )

10 605 ⇨ (   )

5 785 ⇨ (   )

11 954 ⇨ (   )

6 247 ⇨ (   )

12 783 ⇨ (   )

1
세
자
리
수

공부한 날   월   일

☀ **수를 써 보시오.**

1 백팔십 ⇨ (180)

백 팔십
ㅣ 80

자리의 숫자를
읽지 않은 곳에는 0을
써넣어야 해!

7 오백구십이 ⇨ ( )

2 사백삼십육 ⇨ ( )

8 팔백삼십 ⇨ ( )

3 구백사십오 ⇨ ( )

9 육백이십삼 ⇨ ( )

4 이백오십일 ⇨ ( )

10 삼백팔십칠 ⇨ ( )

5 칠백육십오 ⇨ ( )

11 구백이 ⇨ ( )

6 이백오 ⇨ ( )

12 사백팔십구 ⇨ ( )

☀ ☐ 안에 알맞은 수를 써넣으시오.

1 293 의

⇨ ┌ 백의 자리 숫자는 2
   ├ 십의 자리 숫자는 9
   └ 일의 자리 숫자는 3

2 714 의

⇨ ┌ 백의 자리 숫자는 ☐
   ├ 십의 자리 숫자는 ☐
   └ 일의 자리 숫자는 ☐

3 380 의

⇨ ┌ 백의 자리 숫자는 ☐
   ├ 십의 자리 숫자는 ☐
   └ 일의 자리 숫자는 ☐

4 439 의

⇨ ┌ 백의 자리 숫자는 ☐
   ├ 십의 자리 숫자는 ☐
   └ 일의 자리 숫자는 ☐

5 426 의

⇨ ┌ 백의 자리 숫자는 ☐
   ├ 십의 자리 숫자는 ☐
   └ 일의 자리 숫자는 ☐

6 805 의

⇨ ┌ 백의 자리 숫자는 ☐
   ├ 십의 자리 숫자는 ☐
   └ 일의 자리 숫자는 ☐

7 962 의

⇨ ┌ 백의 자리 숫자는 ☐
   ├ 십의 자리 숫자는 ☐
   └ 일의 자리 숫자는 ☐

8 602 의

⇨ ┌ 백의 자리 숫자는 ☐
   ├ 십의 자리 숫자는 ☐
   └ 일의 자리 숫자는 ☐

1
세
자
리
수

✹ ☐ 안에 알맞은 수를 써넣으시오.

1   462

100이 4개	10이 6개	1이 2 개
400	60	2

462 = 400 + 60 + 2

4   389

100이 3개	10이 ☐ 개	1이 ☐ 개
300	☐	☐

389 = 300 + ☐ + ☐

2   675

100이 6개	10이 ☐ 개	1이 ☐ 개
600	☐	☐

675 = 600 + ☐ + ☐

5   541

100이 ☐ 개	10이 4개	1이 ☐ 개
☐	40	☐

541 = ☐ + 40 + ☐

3   298

100이 ☐ 개	10이 9개	1이 ☐ 개
☐	90	☐

298 = ☐ + 90 + ☐

6   438

100이 ☐ 개	10이 ☐ 개	1이 8개
☐	☐	8

438 = ☐ + ☐ + 8

☀ 밑줄 친 숫자가 얼마를 나타내는지 쓰시오.

1 2<u>9</u>4 ⇨ (90   )

9는 십의 자리 숫자이므로 90을 나타냅니다.

> 밑줄 친 숫자가 백의 자리인지, 십의 자리인지, 일의 자리인지 살펴 보도록 해.

7 <u>7</u>87 ⇨ (   )

2 2<u>9</u>6 ⇨ (   )

8 <u>5</u>42 ⇨ (   )

3 5<u>1</u>4 ⇨ (   )

9 8<u>0</u>3 ⇨ (   )

4 44<u>2</u> ⇨ (   )

10 6<u>2</u>9 ⇨ (   )

5 16<u>9</u> ⇨ (   )

11 975 ⇨ (   )

6 <u>3</u>92 ⇨ (   )

12 25<u>3</u> ⇨ (   )

☀ 100씩 뛰어서 세어 보시오.

100씩 뛰어서 셀 때에는 십의 자리 숫자와 일의 자리 숫자는 그대로 있어.

1 | 150 | 250 | 350 | 450 | 550

백의 자리 숫자가 1씩 커집니다.

2 | 300 | ☐ | ☐ | 600 | ☐ | 800

3 | 220 | 320 | ☐ | 520 | ☐ | 720

4 | 480 | ☐ | 680 | ☐ | 880 | ☐

5 | 315 | ☐ | ☐ | 615 | ☐ | 815

6 | 407 | 507 | ☐ | ☐ | 807 | ☐

7 | 467 | ☐ | ☐ | 767 | ☐ | ☐

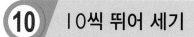

☀ 10씩 뛰어서 세어 보시오.

1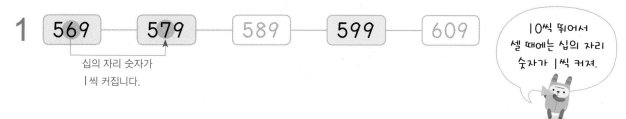

569 — 579 — 589 — 599 — 609

십의 자리 숫자가
1씩 커집니다.

10씩 뛰어서
셀 때에는 십의 자리
숫자가 1씩 커져.

2

100 — ☐ — 120 — ☐ — 140 — ☐

3

330 — 340 — ☐ — ☐ — 370 — ☐

4

630 — ☐ — ☐ — 660 — ☐ — 680

5

323 — 333 — ☐ — ☐ — 363 — ☐

6

170 — ☐ — 190 — ☐ — ☐ — 220

7

576 — ☐ — ☐ — ☐ — 616 — ☐

1
세
자
리
수

☀ ┃씩 뛰어서 세어 보시오.

1 996 — 997 — 998 — 999 — 1000

일의 자리 숫자가
┃씩 커집니다.

999보다
┃ 큰 수는 1000이고,
천이라고 읽어.

2 253 — 254 — ⬚ — 256 — ⬚ — ⬚

3 610 — ⬚ — 612 — ⬚ — 614 — ⬚

4 152 — ⬚ — ⬚ — 155 — 156 — ⬚

5 316 — 317 — ⬚ — ⬚ — 320 — ⬚

6 495 — ⬚ — ⬚ — 498 — 499 — ⬚

7 798 — ⬚ — ⬚ — ⬚ — 802 — 803

☀ 50씩 뛰어서 세어 보시오.

십의 자리 숫자에
두 숫자가 번갈아
나와.

1 120 — 170 — 220 — 270 — 320

두 숫자가 번갈아 나옵니다.

2 150 — ☐ — 250 — ☐ — 350 — ☐

3 416 — 466 — ☐ — ☐ — 616 — ☐

4 372 — 422 — ☐ — 522 — ☐ — ☐

5 671 — 721 — ☐ — ☐ — 871 — ☐

6 735 — ☐ — 835 — ☐ — ☐ — 985

7 328 — ☐ — ☐ — 478 — 528 — ☐

1
세
자
리
수

☀ 두 수의 크기를 비교하여 ○ 안에 > 또는 <를 알맞게 써넣으시오.

백의 자리 숫자,
십의 자리 숫자, 일의
자리 숫자끼리 차례대로
비교해 봐.

1 267 $<$ 412

└─ 2<4 ─┘

8 937 ◯ 929

2 629 ◯ 590

9 580 ◯ 591

3 200 ◯ 189

10 752 ◯ 713

4 746 ◯ 699

11 619 ◯ 610

5 214 ◯ 502

12 822 ◯ 826

6 467 ◯ 614

13 315 ◯ 309

7 108 ◯ 301

14 492 ◯ 497

☀️ 더 큰 수에 ◯표 하시오.

15 　981　　991

(　)　(◯)

> 백의 자리 숫자는 같고, 십의 자리 숫자를 비교하면 8<9야.

21 　468　　461

(　)　(　)

16 　603　　816

(　)　(　)

22 　723　　539

(　)　(　)

17 　625　　616

(　)　(　)

23 　142　　148

(　)　(　)

18 　764　　765

(　)　(　)

24 　695　　322

(　)　(　)

19 　248　　348

(　)　(　)

25 　376　　371

(　)　(　)

20 　789　　785

(　)　(　)

26 　406　　237

(　)　(　)

☀ 가장 큰 수와 가장 작은 수를 각각 찾아 쓰시오.

백의 자리 숫자를 비교해 봐.

1

| 425 | 723 | 648 |

가장 큰 수 (723), 가장 작은 수 (425)

425<648<723

2

| 881 | 626 | 419 |

가장 큰 수 ( ), 가장 작은 수 ( )

3

| 570 | 585 | 554 |

가장 큰 수 ( ), 가장 작은 수 ( )

4

| 382 | 359 | 361 |

가장 큰 수 ( ), 가장 작은 수 ( )

5

| 639 | 636 | 638 |

가장 큰 수 ( ), 가장 작은 수 ( )

☀ 수의 크기를 비교하여 작은 수부터 차례로 쓰시오.

6 | 432   342   324 | ⇨ (324, 342, 432)

백의 자리 숫자의 크기를 비교하면 432가
가장 크고, 342와 324의 십의 자리 숫자의
크기를 비교하면 324가 가장 작습니다.

백의 자리 숫자
부터 비교해 봐.

7 | 539   825   366 | ⇨ ( )

8 | 373   596   318 | ⇨ ( )

9 | 682   617   687 | ⇨ ( )

10 | 230   405   317 | ⇨ ( )

11 | 111   114   118 | ⇨ ( )

1

세
자
리
수

 두 수의 크기를 비교하여 ○ 안에 > 또는 <를 알맞게 써넣으시오.

1 7■5 ⟩ 703

■ 안의 숫자가 0이어도
7■5가 703보다 큽니다.

백의 자리 숫자부터 차례로
비교하여 ■ 안에 어느
숫자가 들어가더라도 크기가
비교될 수 있는지 알아봐.

8 5I2 ○ 43■

2 8■I ○ 74I

9 478 ○ 5■0

3 23■ ○ 367

10 7I■ ○ 752

4 586 ○ 55■

11 6■I ○ 693

5 I■0 ○ I96

12 398 ○ 3■5

6 203 ○ 2■9

13 406 ○ 4■8

7 703 ○ 7■7

14 3■9 ○ 803

☀ 주어진 수 카드를 한 번씩만 사용하여 가장 큰 세 자리 수를 만들어 보시오.

가장 큰 숫자가
백의 자리 숫자가
되어야 해.

1 | 2 | 4 | 5 |

(542   )

백의 자리에 가장 큰 수인 5를 놓고, 십의 자리에 4를 놓고, 일의
자리에 2를 놓아야 합니다.

6 | 1 | 3 | 9 |

(   )

2 | 2 | 5 | 8 |

(   )

7 | 6 | 3 | 7 |

(   )

3 | 4 | 9 | 6 |

(   )

8 | 5 | 0 | 8 |

(   )

4 | 0 | 1 | 2 |

(   )

9 | 2 | 1 | 9 |

(   )

5 | 7 | 3 | 8 |

(   )

10 | 4 | 4 | 5 |

(   )

1. 세 자리 수

17 가장 작은 수 만들기

공부한 날 월 일

☀ 주어진 수 카드를 한 번씩만 사용하여 가장 작은 세 자리 수를 만들어 보시오.

1 [0] [4] [5]

(405)

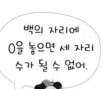

백의 자리에 두 번째로 작은 수인 4를 놓고,
십의 자리에 0을 놓고, 일의 자리에 5를 놓아야 한다.

6 [6] [2] [1]

( )

2 [2] [3] [1]

( )

7 [5] [9] [4]

( )

3 [8] [7] [6]

( )

8 [0] [3] [7]

( )

4 [3] [3] [9]

( )

9 [5] [3] [8]

( )

5 [4] [8] [0]

( )

10 [5] [4] [9]

( )

☀ □ 안에 들어갈 수 있는 숫자를 모두 찾아 ◯표 하시오.

1 | $453 > 4\square7$

(③ , ④ , 5 , 6 , 7)

453<457이므로 5보다 작은 숫자가 들어갈 수 있습니다.

□ 안에 십의 자리
숫자인 5를 넣어
비교해 봐.

6 | $232 < 23\square$

(0 , 1 , 2 , 3 , 4)

2 | $3\square9 < 372$

(4 , 5 , 6 , 7 , 8)

7 | $456 > 4\square8$

(3 , 4 , 5 , 6 , 7)

3 | $6\square7 > 639$

(1 , 2 , 3 , 4 , 5)

8 | $\square25 > 475$

(2 , 3 , 4 , 5 , 6)

4 | $85\square < 858$

(5 , 6 , 7 , 8 , 9)

9 | $285 < \square26$

(1 , 2 , 3 , 4 , 5)

5 | $143 < 14\square$

(2 , 3 , 4 , 5 , 6)

10 | $728 > 7\square6$

(1 , 2 , 3 , 4 , 5)

1

세
자
리
수

1 수 모형에 맞게 □ 안에 알맞은 수를 써넣으시오.

• 각 수 모형의 수를 세어 봅니다.

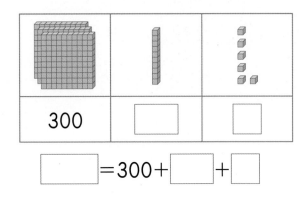

300	□	□

□ = 300 + □ + □

2 규칙에 맞게 뛰어서 세어 보시오.

몇씩 커지고 있는지 알아봐.

(1)
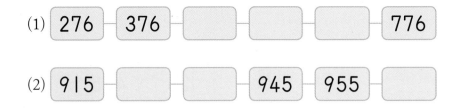

276 — 376 — □ — □ — □ — 776

(2)

915 — □ — □ — 945 — 955 — □

3 숫자 4가 40을 나타내는 수를 찾아 쓰시오.

• 4가 십의 자리에 있는 수를 찾아봅니다.

174   459   246   402   364

(   )

4 두 수의 크기를 비교하여 ○ 안에 > 또는 <를 알맞게 써넣으시오.

• 백의 자리 숫자부터 비교하고, 백의 자리 숫자가 같으면 십의 자리 숫자끼리 비교합니다.

(1) 616 ◯ 702   (2) 327 ◯ 331

5 관악산은 서울에 위치하고 있는 높이 632 m의 산입니다. 관악산의 높이를 나타내는 수 632를 읽어 보시오.

(   )

6 가장 큰 수를 찾아 쓰시오.

| 895 | 893 | 896 |

(   )

백, 십의 자리 숫자가 같으니까 일의 자리 숫자를 비교해 봐.

7 세 자리 수의 일부가 보이지 않습니다. 어느 수가 더 큰 수인지 비교하여 ○ 안에 > 또는 <를 알맞게 써넣으시오.

495 ◯ 4▨2

• 보이는 숫자들을 비교하여 더 큰 수를 알아봅니다.

8 수 카드 ①, ⑦, ⑨를 한 번씩만 사용하여 가장 큰 수를 만들어 보시오.

• 백의 자리에 가장 큰 수 카드를 놓아야 합니다.

(   )

QR 코드를 찍어 보세요.
문제 생성기 새로운 문제를 계속 풀 수 있어요.
학습 게임 재미있는 학습 게임을 할 수 있어요.

2 여러 가지 도형

QR 코드를 찍어 보세요.
재미있는 학습 게임을
할 수 있어요.

제2화 잔머리 대장! 현수는 미술 숙제를 어떻게 했을까?

이미 배운 내용	이번에 배울 내용	앞으로 배울 내용
[1-2 여러 가지 모양] ・ ⬜, 🔺, 🔵 모양 찾기 ・ ⬜, 🔺, 🔵 모양끼리 모으기	・원, 삼각형, 사각형 알아보기 ・칠교판으로 모양 만들기 ・오각형, 육각형 알아보기 ・쌓기나무로 입체도형 만들기	**[3-1 평면도형]** ・직각삼각형, 직사각형, 정사각형 알아보기 **[3-2 원]** ・원의 중심, 반지름, 지름 알아보기

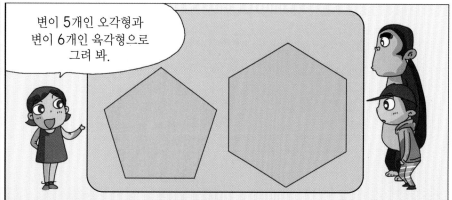

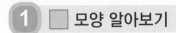
1 ▨ 모양 알아보기

☀ ▨ 모양의 물건에 ○표, <u>아닌</u> 것에 ×표 하시오.

1

봄을 떴을 때 ▨ 모양인 물건을 찾아봐.

(○)

2

( )

5

( )

3
△
( )

6
수 첩
( )

4

( )

7

( )

2 △ 모양 알아보기

☀ △ 모양의 물건에 ○표, <u>아닌</u> 것에 ×표 하시오.

1

(×)

5

( )

2

( )

6
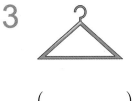
( )

3

( )

7

( )

4

( )

8
천천히 SLOW

( )

3 ● 모양 알아보기

☀ ● 모양의 물건에 ○표, <u>아닌</u> 것에 ✕표 하시오.

1

● 모양은 뾰족한 부분이 없어.

(○)

2

( )

5

( )

3

( )

6

( )

4

( )

7

( )

4 같은 모양 세어 보기

☀ 초콜릿을 보고 물음에 답하시오.

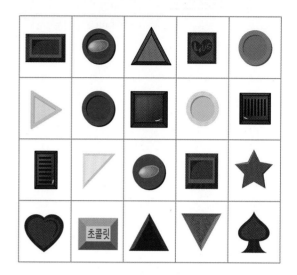

1 ■ 모양 초콜릿은 몇 개입니까?

(7개)

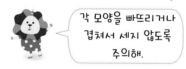
각 모양을 빠뜨리거나 겹쳐서 세지 않도록 주의해.

2 ▲ 모양 초콜릿은 몇 개입니까?

( )

3 ● 모양 초콜릿은 몇 개입니까?

( )

4 ■, ▲, ● 모양이 <u>아닌</u> 초콜릿은 몇 개입니까?

( )

1 원 알아보기

☀ 원에는 ○표, 원이 아닌 것에는 ✕표 하시오.

1

원의 크기는 다르더라도 모양은 모두 같아.

(○   )

그림과 같은 동그란 모양의 도형을 원이라고 합니다.

6

(   )

11

(   )

2

(   )

7

(   )

12

(   )

3

(   )

8

(   )

13

(   )

4

(   )

9

(   )

14

(   )

5

(   )

10

(   )

15

(   )

☀ **삼각형에는 ◯표, 삼각형이 아닌 것에는 ✕표 하시오.**

1

(◯)

삼각형은 변이 3개, 꼭짓점이 3개야.

그림과 같은 모양의 도형을 삼각형이라고 합니다.

6

( )

11

( )

2

( )

7

( )

12

( )

3

( )

8

( )

13

( )

4

( )

9

( )

14

( )

5

( )

10

( )

15

( )

2

여러 가지 도형

☀ 사각형에는 ○표, 사각형이 아닌 것에는 ✕표 하시오.

1

사각형은 변이 4개,
꼭짓점이 4개야.

(○)

그림과 같은
모양의 도형을
사각형이라고 합니다.

6

( )

11

( )

2

( )

7

( )

12

( )

3

( )

8

( )

13

( )

4

( )

9

( )

14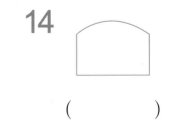

( )

5

( )

10

( )

15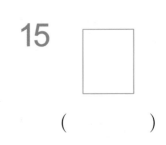

( )

☀ 칠교판의 조각을 이용하여 삼각형을 만들어 보시오.

1
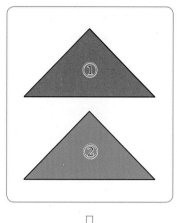

칠교판의 조각 7개 중에서 주어진 조각을 모두 이용해야 해.

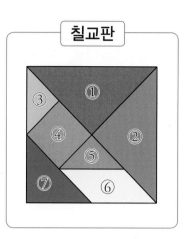
칠교판

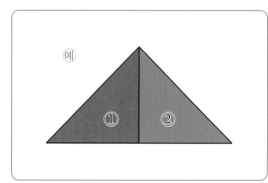

3
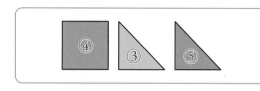

2
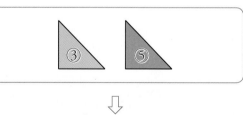

4
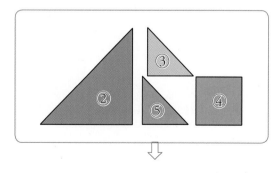

2
여
러
가
지
도
형

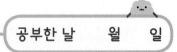
☀ 칠교판의 조각을 이용하여 사각형을 만들어 보시오.

1
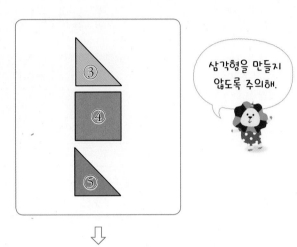

삼각형을 만들지 않도록 주의해.

칠교판

예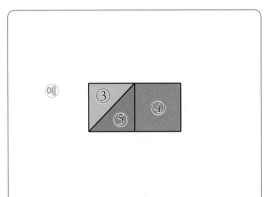

3
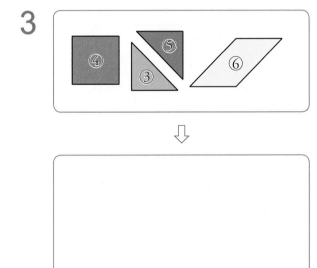

2
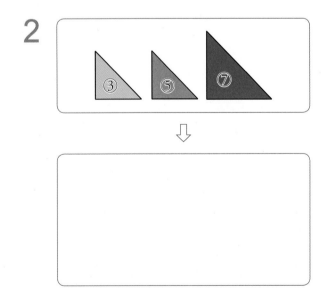

4
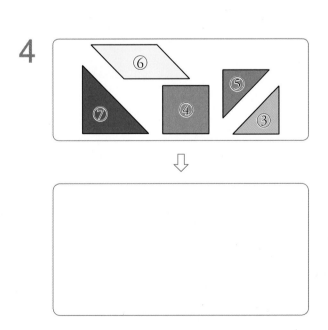

☀ **오각형에는 ○표, 오각형이 아닌 것에는 ✕표 하시오.**

1

오각형은 변이 5개, 꼭짓점이 5개야.

(○)

→ 그림과 같은 모양의 도형을 오각형이라고 합니다.

6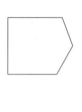

( )

11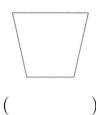

( )

2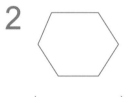

( )

7

( )

12

( )

3

( )

8

( )

13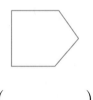

( )

4

( )

9

( )

14

( )

5

( )

10

( )

15

( )

2

여
러

가
지

도
형

☀ 육각형에는 ○표, 육각형이 아닌 것에는 ✕표 하시오.

1
육각형은 변이 6개,
꼭짓점이 6개야.
(○)
→ 그림과 같은
모양의 도형을
육각형이라고 합니다.

6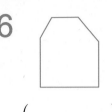
(   )

11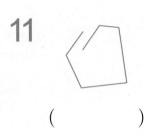
(   )

2
(   )

7
(   )

12
(   )

3
(   )

8
(   )

13
(   )

4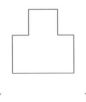
(   )

9
(   )

14
(   )

5
(   )

10
(   )

15
(   )

☀ 쌓은 모양을 보고 물음에 답하시오.

1 빨간색 쌓기나무의 오른쪽에 있는 쌓기나무에 ○표 하시오.

(1)

빨간색 쌓기나무를 먼저 찾은 후 오른쪽에 있는 쌓기나무를 알아봐.

(2)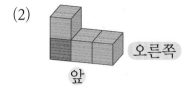

2 빨간색 쌓기나무의 왼쪽에 있는 쌓기나무에 ○표 하시오.

(1)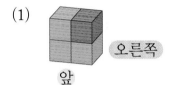

(2)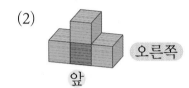

(3)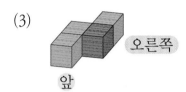

3 빨간색 쌓기나무의 위에 있는 쌓기나무에 ○표 하시오.

(1)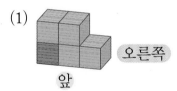

(2)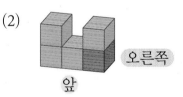

(3)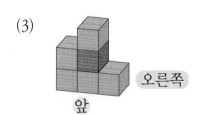

4 빨간색 쌓기나무의 아래에 있는 쌓기나무에 ○표 하시오.

(1)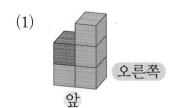

(2)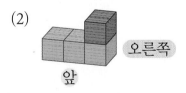

(3)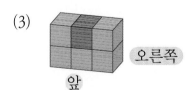

5 빨간색 쌓기나무의 앞에 있는 쌓기나무에 ○표 하시오.

(1)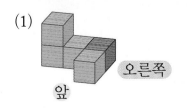

(2)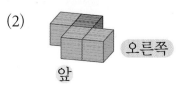

(3)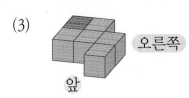

공부한 날   월   일

☀ **설명에 맞게 쌓은 모양을 찾아 ◯표 하시오.**

쌓기나무의 수,
쌓기나무를 놓은 위치나
방향을 잘 살펴봐.

1

계단 모양으로 1층에 2개, 2층에 1개가 있습니다.

( )   (◯)   ( )

→ 맨 아래에서부터 위로 올라갈수록 1층, 2층……입니다.

2

2개가 옆으로 나란히 있고, 오른쪽 쌓기나무의 앞에 1개 있습니다.

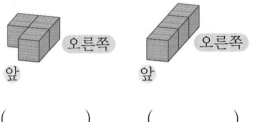

( )   ( )   ( )

3

3개가 옆으로 나란히 있고, 가운데 쌓기나무 위에 1개 있습니다.

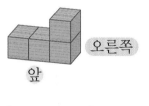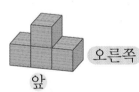

( )   ( )   ( )

4

1층에 4개가 있고, 2층 왼쪽에 쌓기나무 1개가 있습니다.

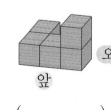

( )   ( )   ( )

☀ 다음과 같은 모양을 쌓을 때 필요한 쌓기나무는 몇 개인지 알아보시오.

1

각 층에 몇 개가 쌓여 있는지 알아봐.

(2개)

→1층에 1개, 2층에 1개이므로 모두 2개입니다.

6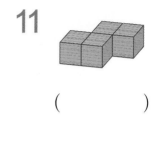

( )

11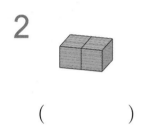

( )

2

( )

7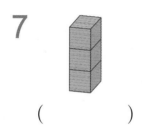

( )

12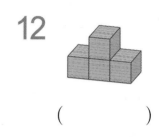

( )

3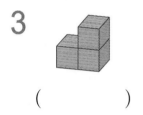

( )

8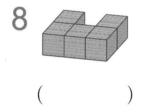

( )

13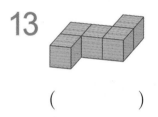

( )

4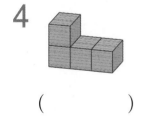

( )

9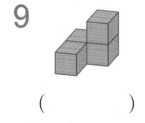

( )

14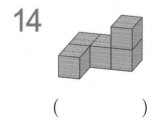

( )

5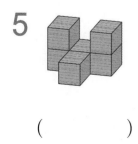

( )

10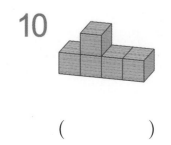

( )

15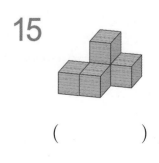

( )

2

여러 가지 도형

1 도형을 보고 □ 안에 알맞은 수를 써넣으시오.

(1)

변 □ 개
꼭짓점 □ 개

(2)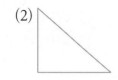

변 □ 개
꼭짓점 □ 개

변과 꼭짓점의 수를 세어 봐.

[2~4] 그림을 보고 물음에 답하시오.

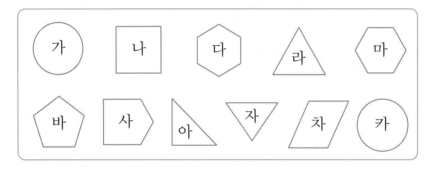

2 삼각형은 모두 몇 개입니까?   (   )

• 각 모양별로 표시해 가며 수를 세어야 빠뜨리지 않습니다.

3 사각형은 모두 몇 개입니까?   (   )

4 육각형은 모두 몇 개입니까?   (   )

5 오른쪽은 옛 선조들이 향을 피우는 그릇인 향로와 향로를 위에서 본 모양입니다. 위에서 본 모양의 이름을 쓰시오.

(   )

변이 ■ 개, 꼭짓점이 ■ 개이면 ■ 각형이라고 해.

6 서로 다른 삼각형을 2개 그려 보시오.

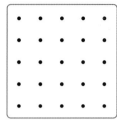 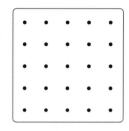

• 점 3개를 선으로 이어 삼각형을 그려 봅니다.

7 오른쪽과 같은 모양을 만들기 위해서 필요한 쌓기나무는 모두 몇 개입니까?

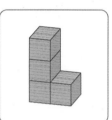

(   )

• 각 층에 쌓인 쌓기나무의 수를 세어 봅니다.

8 빨간색 쌓기나무의 위에 있는 쌓기나무를 찾아 번호를 쓰시오.

(   )

빨간색 쌓기나무의 위치를 먼저 알아봐.

9 칠교판의 조각 중 사각형은 모두 몇 개입니까?

(   )

QR 코드를 찍어 보세요.
문제 생성기 새로운 문제를 계속 풀 수 있어요.
학습 게임 재미있는 학습 게임을 할 수 있어요.

오른쪽

앞

2

여러 가지 도형

3 덧셈과 뺄셈

QR 코드를 찍어 보세요. 재미있는 학습 게임을 할 수 있어요.

제3화 나도 그런 게임은 처음이라서……

이미 배운 내용	이번에 배울 내용	앞으로 배울 내용
[1-2 덧셈과 뺄셈] • 받아올림이 없는 덧셈 • 받아내림이 없는 뺄셈 • 세 수의 덧셈	• 받아올림이 있는 덧셈 • 여러 가지 방법으로 덧셈하기 • 받아내림이 있는 뺄셈 • 여러 가지 방법으로 뺄셈하기	**[4-1 혼합 계산]** • 덧셈, 뺄셈, 곱셈, 나눗셈이 섞여 있는 식의 계산 • 괄호가 있는 식의 계산

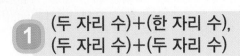

배운 것 확인하기

1 (두 자리 수)+(한 자리 수),
(두 자리 수)+(두 자리 수)

☀ 계산을 하시오.

1
```
    I 4
 +    3
─────────
  I  7
```
일의 자리 숫자끼리,
십의 자리 숫자끼리
더해 봐.

2
```
   I 6
 +   2
─────────
```

3
```
   2 2
 +   I
─────────
```

4
```
   I 4
 + I 5
─────────
```

5
```
   4 6
 + I 3
─────────
```

6
```
   3 2
 + 4 3
─────────
```

7 I5+2

8 46+3

9 75+I4

2 (두 자리 수)−(한 자리 수),
(두 자리 수)−(두 자리 수)

☀ 계산을 하시오.

1
```
   I 9
 −   5
─────────
  I 4
```
같은 자리
숫자끼리
계산해 봐.

2
```
   3 6
 −   5
─────────
```

3
```
   2 6
 −   3
─────────
```

4
```
   5 8
 − I 6
─────────
```

5
```
   4 2
 − 2 I
─────────
```

6
```
   7 9
 − 4 5
─────────
```

7 28−5

8 I7−4

9 37−2

☀ ☐ 안에 알맞은 수를 써넣으시오.

1 | 4+5=9 |

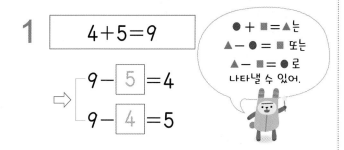

⇨ 9 − 5 = 4
9 − 4 = 5

2 | 14+23=37 |

⇨ 37 − ☐ = 14
37 − ☐ = ☐

3 | 46−13=33 |

⇨ 13 + ☐ = 46
33 + ☐ = ☐

4 | 58−26=32 |

⇨ 26 + ☐ = ☐
☐ + ☐ = ☐

☀ 계산을 하시오.

1 2+8+5=15
10
15

2 4+6+7

3 5+5+9

4 8+2+4

5 8+9+1

6 6+4+6

7 2+3+7

8 5+1+9

9 4+3+6

3
덧셈과 뺄셈

✹ 그림을 보고 □ 안에 알맞은 수를 써넣으시오.

1

일 모형 10개는 십 모형 1개와 같습니다.

$35+7=\boxed{42}$

먼저 일 모형 10개를 모아서 십 모형 1개를 만들어 봐.

5

$14+7=\boxed{}$

2
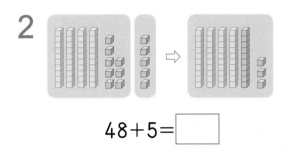

$48+5=\boxed{}$

6
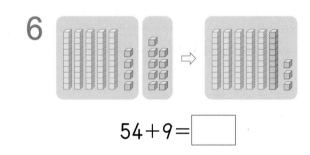

$54+9=\boxed{}$

3

$18+6=\boxed{}$

7

$23+8=\boxed{}$

4
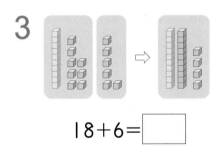

$37+5=\boxed{}$

8
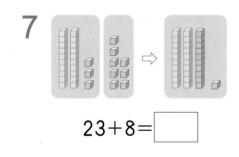

$46+4=\boxed{}$

9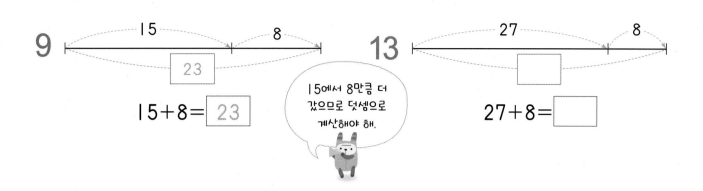

15 + 8 = 23

15에서 8만큼 더 갔으므로 덧셈으로 계산해야 해.

13

27 + 8 = ☐

10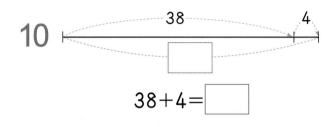

38 + 4 = ☐

14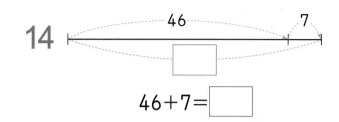

46 + 7 = ☐

11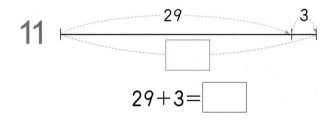

29 + 3 = ☐

15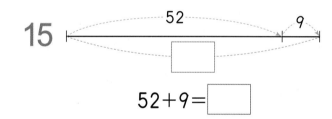

52 + 9 = ☐

12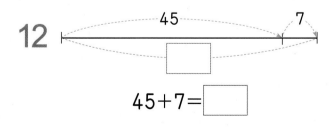

45 + 7 = ☐

16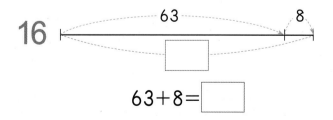

63 + 8 = ☐

3

덧셈과 뺄셈

☀ 계산을 하시오.

1
```
  1
  3 6
+   8
─────
④ 4
```
→ 1+3=4

일의 자리에서
받아올림이 있으면
십의 자리에 1을 올려서
더해야 해.

6
```
  3 5
+   6
─────
```

11
```
  2 7
+   8
─────
```

2
```
  1 8
+   9
─────
```

7
```
  4 3
+   7
─────
```

12
```
  5 7
+   8
─────
```

3
```
    8
+ 4 6
─────
```

8
```
    9
+ 3 7
─────
```

13
```
    5
+ 2 6
─────
```

4
```
    7
+ 5 4
─────
```

9
```
    6
+ 6 6
─────
```

14
```
    3
+ 7 9
─────
```

5
```
    4
+ 3 8
─────
```

10
```
    5
+ 4 6
─────
```

15
```
    9
+ 8 3
─────
```

16 24+8=32

$$\begin{array}{r} {\scriptstyle 1}\,2\,4 \\ +8 \\ \hline 3\,2 \end{array}$$

가로셈을 세로셈으로
바꾸어 계산해도
돼.

17 42+9

18 34+7

19 59+3

20 6+17

21 7+38

22 6+48

23 3+69

24 38+8

25 53+7

26 48+3

27 67+8

28 2+39

29 4+56

30 8+88

31 7+74

3

덧셈과 뺄셈

☀ 그림을 보고 ☐ 안에 알맞은 수를 써넣으시오.

1

십 모형은 4개,
일 모형은 11개야.

일 모형 10개는 십 모형 1개와 같습니다.

$34+17=\boxed{51}$

5

$26+28=\boxed{}$

2

$38+44=\boxed{}$

6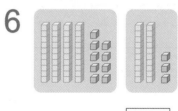

$49+23=\boxed{}$

3

$65+16=\boxed{}$

7

$35+38=\boxed{}$

4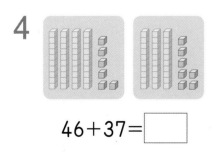

$46+37=\boxed{}$

8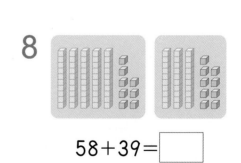

$58+39=\boxed{}$

9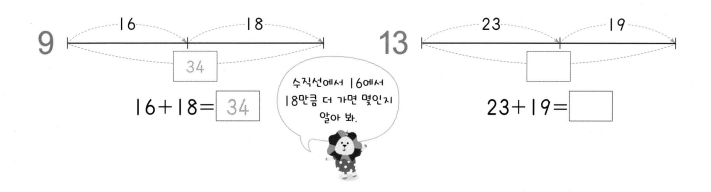

16 + 18 = 34

수직선에서 16에서
18만큼 더 가면 몇인지
알아 봐.

13

23 + 19 =

10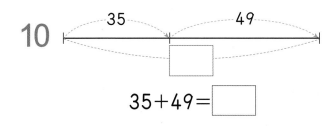

35 + 49 =

14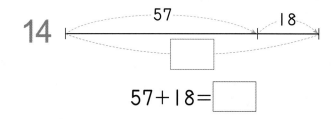

57 + 18 =

11

53 + 29 =

15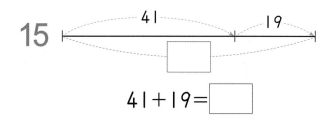

41 + 19 =

12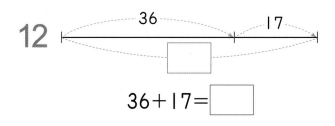

36 + 17 =

16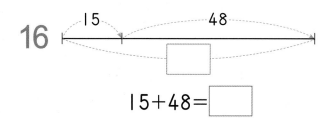

15 + 48 =

3

덧셈과 뺄셈

☀ 계산을 하시오.

1
```
    2 7
  + 4 5
  ─────
  ⑦ 2
```
→ 1+2+4=7

일의 자리에서
받아올림이 있으면
십의 자리에 1을 올려.

6
```
    3 9
  + 1 8
```

11
```
    1 5
  + 1 8
```

2
```
    6 7
  + 1 5
```

7
```
    2 2
  + 5 9
```

12
```
    7 3
  + 1 7
```

3
```
    4 9
  + 2 4
```

8
```
    5 7
  + 3 9
```

13
```
    7 5
  + 1 6
```

4
```
    6 5
  + 2 9
```

9
```
    4 6
  + 3 6
```

14
```
    3 9
  + 2 2
```

5
```
    3 7
  + 2 6
```

10
```
    4 8
  + 2 4
```

15
```
    5 5
  + 2 9
```

16 25+26=51

세로셈으로 바꾸어
계산해도 해.

$$\begin{array}{r} 2\,5 \\ +\,2\,6 \\ \hline 5\,1 \end{array}$$

17 19+42

18 67+29

19 34+56

20 27+38

21 46+45

22 17+54

23 66+25

24 38+24

25 53+37

26 36+38

27 47+39

28 59+14

29 23+29

30 37+18

31 18+76

3

덧셈과 뺄셈

☀ 그림을 보고 ☐ 안에 알맞은 수를 써넣으시오.

1

십 모형 10개는 백 모형 1개와 같습니다.

십 모형 6개와 4개를 더해 10개가 되었으므로 백 모형 1개와 같아.

$63+45=\boxed{108}$

5

$72+44=\boxed{}$

2

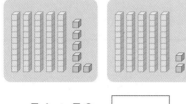

$56+52=\boxed{}$

6

$13+93=\boxed{}$

3

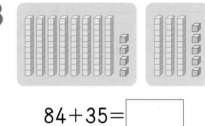

$84+35=\boxed{}$

7

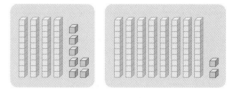

$47+82=\boxed{}$

4

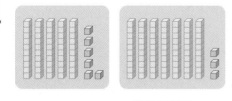

$56+73=\boxed{}$

8

$97+21=\boxed{}$

9

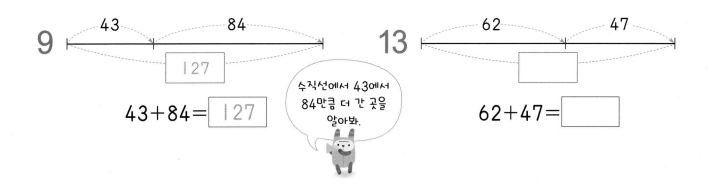

43 + 84 = 127

수직선에서 43에서 84만큼 더 간 곳을 알아봐.

13

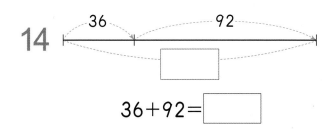

62 + 47 =

10

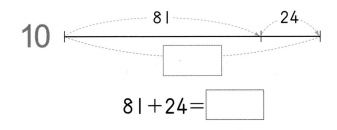

81 + 24 =

14

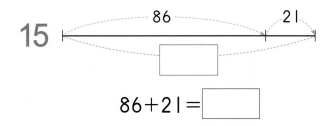

36 + 92 =

11

45 + 73 =

15

86 + 21 =

12

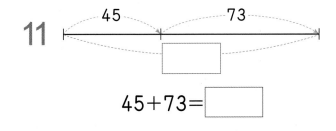

72 + 63 =

16

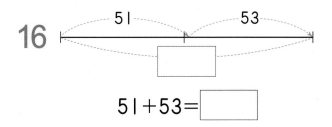

51 + 53 =

☀ **계산을 하시오.**

1 ① → 십의 자리에서 받아올림한 수

```
    3 2
  + 7 5
  1 0 7
```

십의 자리에서
받아올림이 있으면
백의 자리에 1을 올려서
계산해.

2
```
    4 7
  + 8 1
```

3
```
    5 6
  + 8 3
```

4
```
    5 7
  + 9 2
```

5
```
    6 7
  + 5 2
```

6
```
    9 3
  + 3 5
```

7
```
    6 2
  + 9 2
```

8
```
    8 4
  + 3 2
```

9
```
    7 4
  + 4 3
```

10
```
    8 4
  + 7 1
```

11
```
    2 5
  + 8 1
```

12
```
    7 4
  + 7 3
```

13
```
    6 1
  + 7 1
```

14
```
    3 6
  + 9 2
```

15
```
    4 0
  + 9 6
```

16 94+15=109
      → 　 9 4
      　 ＋ 1 5
      　 1 0 9

같은 자리 수끼리
더해야 돼.

17 46+72

18 73+76

19 63+91

20 75+83

21 34+94

22 64+45

23 84+31

24 65+83

25 92+81

26 54+82

27 43+82

28 27+81

29 67+62

30 72+81

31 93+56

☀ **계산을 하시오.**

1
```
    4 7
  + 7 5
  ───────
  1 2 2
```
→ 십의 자리에서
받아올림한 수

받아올림한 수를
빼놓지 않고
더해야 해.

2
```
    4 6
  + 5 8
```

3
```
    3 6
  + 7 4
```

4
```
    5 3
  + 9 8
```

5
```
    6 7
  + 8 3
```

6
```
    5 4
  + 6 8
```

7
```
    7 5
  + 6 9
```

8
```
    4 7
  + 7 4
```

9
```
    6 4
  + 6 7
```

10
```
    8 4
  + 8 9
```

11
```
    2 6
  + 9 5
```

12
```
    8 5
  + 2 7
```

13
```
    9 6
  + 3 9
```

14
```
    2 5
  + 9 8
```

15
```
    7 5
  + 6 8
```

16 $78+43=121$

$$\begin{array}{r} \overset{1}{7}8 \\ +\ 4\ 3 \\ \hline 1\ 2\ 1 \end{array}$$

받아올림한 수가 있는지 주의해.

17 $67+34$

18 $98+28$

19 $65+57$

20 $28+85$

21 $54+99$

22 $68+56$

23 $94+38$

24 $35+95$

25 $59+87$

26 $56+46$

27 $38+92$

28 $47+83$

29 $72+69$

30 $88+67$

31 $76+79$

3

덧셈과 뺄셈

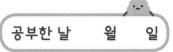
☀ 여러 가지 방법으로 덧셈을 하려고 합니다. ☐ 안에 알맞은 수를 써넣으시오.

1 $24+38=\boxed{20}+4+30+\boxed{8}$

$=\boxed{20}+30+4+\boxed{8}$

$=50+\boxed{12}=\boxed{62}$

몇십과 몇으로 나누어 계산해 봐.

5 $17+37=10+\boxed{}+30+7$

$=10+30+\boxed{}+7$

$=40+\boxed{}=\boxed{}$

2 $26+56=\boxed{}+6+50+\boxed{}$

$=\boxed{}+50+6+\boxed{}$

$=70+\boxed{}=\boxed{}$

6 $35+48=30+\boxed{}+\boxed{}+8$

$=30+\boxed{}+\boxed{}+8$

$=\boxed{}+\boxed{}=\boxed{}$

3 $37+68=30+\boxed{}+60+\boxed{}$

$=30+60+\boxed{}+\boxed{}$

$=\boxed{}+\boxed{}=\boxed{}$

7 $54+37=\boxed{}+4+30+\boxed{}$

$=\boxed{}+30+4+\boxed{}$

$=\boxed{}+\boxed{}=\boxed{}$

4 $39+26=30+9+\boxed{}+\boxed{}$

$=30+\boxed{}+\boxed{}+\boxed{}$

$=\boxed{}+\boxed{}=\boxed{}$

8 $49+59=40+\boxed{}+50+\boxed{}$

$=40+\boxed{}+\boxed{}+\boxed{}$

$=\boxed{}+\boxed{}=\boxed{}$

☀ 여러 가지 방법으로 덧셈을 하려고 합니다. ☐ 안에 알맞은 수를 써넣으시오.

1 $19+26=19+20+\boxed{6}$

$=39+\boxed{6}=\boxed{45}$

19에 20을 먼저 더한 후 6을 더해.

6 $47+35=47+30+\boxed{}$

$=77+\boxed{}=\boxed{}$

2 $45+37=45+\boxed{}+7$

$=\boxed{}+7=\boxed{}$

7 $58+24=58+\boxed{}+4$

$=\boxed{}+4=\boxed{}$

3 $59+25=59+20+\boxed{}$

$=\boxed{}+\boxed{}=\boxed{}$

8 $63+18=63+10+\boxed{}$

$=\boxed{}+\boxed{}=\boxed{}$

4 $14+26=14+\boxed{}+6$

$=\boxed{}+\boxed{}=\boxed{}$

9 $37+45=37+\boxed{}+5$

$=\boxed{}+\boxed{}=\boxed{}$

5 $48+43=48+\boxed{}+\boxed{}$

$=\boxed{}+\boxed{}=\boxed{}$

10 $68+19=68+\boxed{}+\boxed{}$

$=\boxed{}+\boxed{}=\boxed{}$

3

덧셈과 뺄셈

☀ 여러 가지 방법으로 덧셈을 하려고 합니다. ☐ 안에 알맞은 수를 써넣으시오.

1 $17+29=17+30-\boxed{1}$

$\qquad =47-\boxed{1}=\boxed{46}$

29를 30보다
1 작은 수로 생각하고
계산해 봐.

6 $16+38=16+40-\boxed{}$

$\qquad =56-\boxed{}=\boxed{}$

2 $65+27=65+\boxed{}-3$

$\qquad =\boxed{}-3=\boxed{}$

7 $56+18=56+\boxed{}-2$

$\qquad =\boxed{}-2=\boxed{}$

3 $13+79=13+\boxed{}-1$

$\qquad =\boxed{}-1=\boxed{}$

8 $28+35=28+\boxed{}-5$

$\qquad =\boxed{}-5=\boxed{}$

4 $47+28=47+\boxed{}-\boxed{}$

$\qquad =77-\boxed{}=\boxed{}$

9 $58+16=58+\boxed{}-\boxed{}$

$\qquad =78-\boxed{}=\boxed{}$

5 $68+29=\boxed{}+\boxed{}-1$

$\qquad =\boxed{}-1=\boxed{}$

10 $26+48=\boxed{}+\boxed{}-2$

$\qquad =\boxed{}-2=\boxed{}$

☀ 여러 가지 방법으로 덧셈을 하려고 합니다. ☐ 안에 알맞은 수를 써넣으시오.

1 $17+24=17+\boxed{3}+21$

$=\boxed{20}+21=\boxed{41}$

17을 몇십으로 만들어 봐.

6 $46+15=46+\boxed{}+11$

$=\boxed{}+11=\boxed{}$

2 $28+74=28+2+\boxed{}$

$=30+\boxed{}=\boxed{}$

7 $47+36=47+3+\boxed{}$

$=50+\boxed{}=\boxed{}$

3 $56+18=56+4+\boxed{}$

$=60+\boxed{}=\boxed{}$

8 $69+37=69+1+\boxed{}$

$=70+\boxed{}=\boxed{}$

4 $48+13=48+\boxed{}+\boxed{}$

$=50+\boxed{}=\boxed{}$

9 $27+45=27+\boxed{}+\boxed{}$

$=30+\boxed{}=\boxed{}$

5 $58+28=58+\boxed{}+\boxed{}$

$=\boxed{}+\boxed{}=\boxed{}$

10 $67+18=67+\boxed{}+\boxed{}$

$=\boxed{}+\boxed{}=\boxed{}$

☀ 빈 곳에 알맞은 수를 써넣으시오.

1

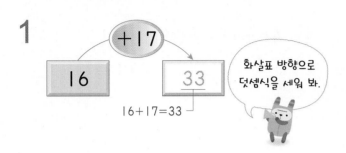

16 → +17 → 33

16+17=33

화살표 방향으로
덧셈식을 세워 봐.

2

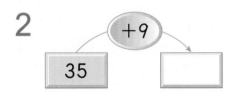

35 → +9 →

3

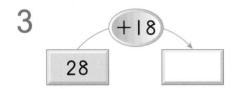

28 → +18 →

4

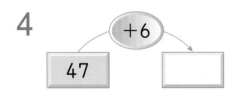

47 → +6 →

5

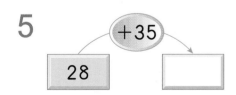

28 → +35 →

6

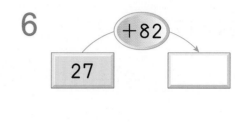

27 → +82 →

7

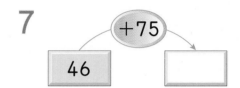

46 → +75 →

8

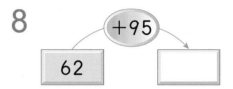

62 → +95 →

9

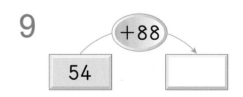

54 → +88 →

10

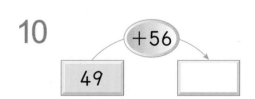

49 → +56 →

☀ 빈 곳에 알맞은 수를 써넣으시오.

1

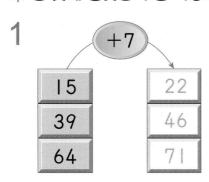

15 → 22
39 → 46
64 → 71

화살표 방향에 따라 식을 세워 봐.

2

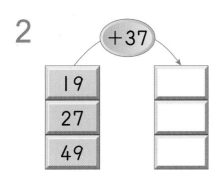

+37

19
27
49

3

+52

63
75
91

4

+65

36
55
89

5

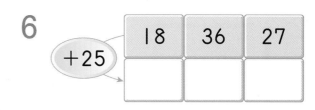

+9

32	43	16

6

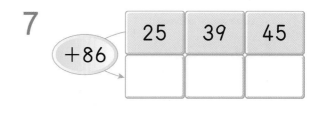

+25

18	36	27

7

+86

25	39	45

8

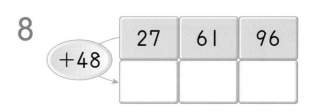

+48

27	61	96

3

덧셈과 뺄셈

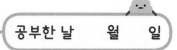

공부한 날   월   일

☀ 빈칸에 알맞은 수를 써넣으시오.

1

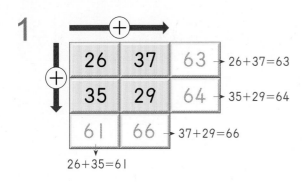

+	
26	37	63 → 26+37=63
35	29	64 → 35+29=64
61	66	→ 37+29=66

26+35=61

5

+	
18	17	
26	49	

2

+	
28	7	
33	18	

6

+	
37	16	
46	25	

3

+	
65	43	
72	86	

7

+	
94	32	
41	76	

4

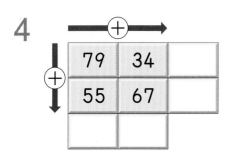

+	
79	34	
55	67	

8

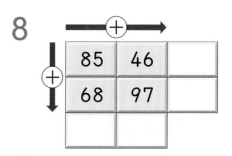

+	
85	46	
68	97	

✳ 크기를 비교하여 ○ 안에 >, =, <를 알맞게 써넣으시오.

1 62+9 $<$ 73

62+9=71 $<$ 73

덧셈을 한 후 크기를 비교해 봐.

7 19+37 ○ 58

2 54+73 ○ 118

8 48+65 ○ 100

3 46 ○ 15+29

9 42 ○ 36+9

4 83 ○ 47+38

10 113 ○ 92+16

5 35+9 ○ 17+26

11 54+83 ○ 74+69

6 26+58 ○ 34+47

12 63+52 ○ 88+37

3 덧셈과 뺄셈

☀ 그림을 보고 ☐ 안에 알맞은 수를 써넣으시오.

1

$21 - 3 = \boxed{18}$

일 모형끼리 뺄 수 없으므로 십 모형 1개를 일 모형 10개로 바꾸어 봐.

5

$25 - 7 = \boxed{}$

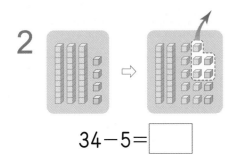

2

$34 - 5 = \boxed{}$

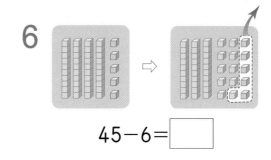

6

$45 - 6 = \boxed{}$

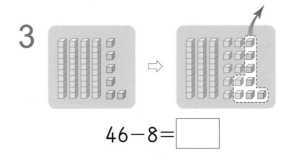

3

$46 - 8 = \boxed{}$

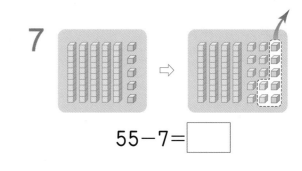

7

$55 - 7 = \boxed{}$

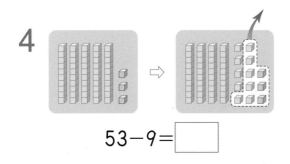

4

$53 - 9 = \boxed{}$

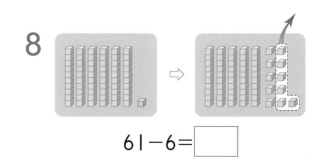

8

$61 - 6 = \boxed{}$

9

$$22-8= \boxed{14}$$

수직선에서 22에서 8만큼 되돌아가면 몇인지 알아봐.

13

$$24-7= \boxed{}$$

10

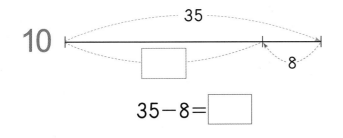

$$35-8= \boxed{}$$

14

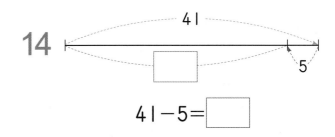

$$41-5= \boxed{}$$

11

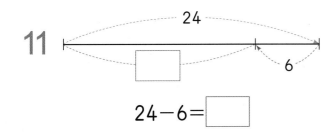

$$24-6= \boxed{}$$

15

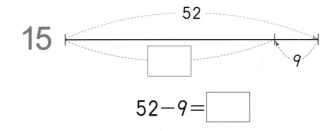

$$52-9= \boxed{}$$

12

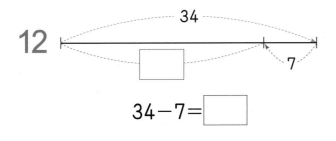

$$34-7= \boxed{}$$

16

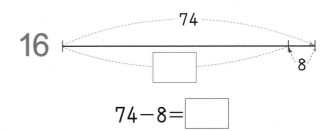

$$74-8= \boxed{}$$

3

덧셈과 뺄셈

☀ 계산을 하시오.

1
$$\begin{array}{r} \overset{2}{\cancel{3}}\overset{10}{\cancel{2}} \\ -5 \\ \hline 27 \end{array}$$

일의 자리 숫자끼리 뺄 수 없으므로 십의 자리에서 받아내림 해야 해.

→ 10+2−5=7

6
$$\begin{array}{r} 85 \\ -6 \\ \hline \end{array}$$

11
$$\begin{array}{r} 21 \\ -5 \\ \hline \end{array}$$

2
$$\begin{array}{r} 44 \\ -8 \\ \hline \end{array}$$

7
$$\begin{array}{r} 67 \\ -8 \\ \hline \end{array}$$

12
$$\begin{array}{r} 33 \\ -7 \\ \hline \end{array}$$

3
$$\begin{array}{r} 53 \\ -7 \\ \hline \end{array}$$

8
$$\begin{array}{r} 31 \\ -9 \\ \hline \end{array}$$

13
$$\begin{array}{r} 84 \\ -8 \\ \hline \end{array}$$

4
$$\begin{array}{r} 46 \\ -7 \\ \hline \end{array}$$

9
$$\begin{array}{r} 73 \\ -8 \\ \hline \end{array}$$

14
$$\begin{array}{r} 62 \\ -9 \\ \hline \end{array}$$

5
$$\begin{array}{r} 35 \\ -9 \\ \hline \end{array}$$

10
$$\begin{array}{r} 41 \\ -3 \\ \hline \end{array}$$

15
$$\begin{array}{r} 72 \\ -5 \\ \hline \end{array}$$

16 25-9=16
$$\begin{array}{r} \overset{1}{2}\overset{10}{5} \\ -\ \ 9 \\ \hline 1\ 6 \end{array}$$

받아내림한
수에 주의해서
계산해 봐.

17 32-6

18 73-5

19 34-9

20 45-7

21 26-8

22 62-5

23 85-9

24 47-8

25 54-7

26 47-9

27 65-8

28 51-9

29 34-8

30 71-3

31 94-6

3

덧셈과 뺄셈

☀ 그림을 보고 ☐ 안에 알맞은 수를 써넣으시오.

1

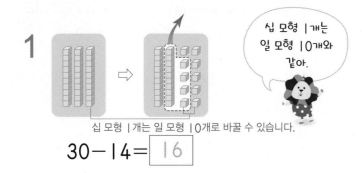

십 모형 |개는 일 모형 |0개로 바꿀 수 있습니다.

$30-14=\boxed{16}$

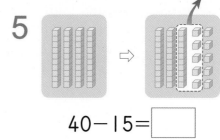

5

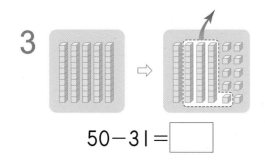

$40-15=\boxed{}$

2

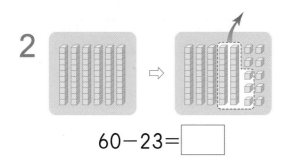

$60-23=\boxed{}$

6

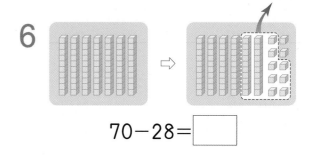

$70-28=\boxed{}$

3

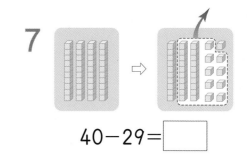

$50-31=\boxed{}$

7

$40-29=\boxed{}$

4

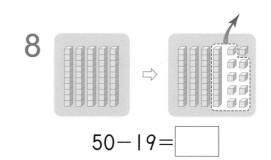

$70-38=\boxed{}$

8

$50-19=\boxed{}$

9

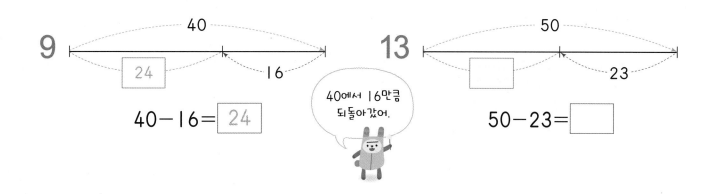

$$40-16=\boxed{24}$$

40에서 16만큼
되돌아갔어.

13

$$50-23=\boxed{}$$

10

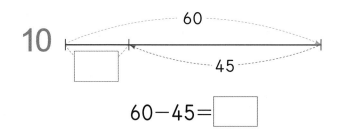

$$60-45=\boxed{}$$

14

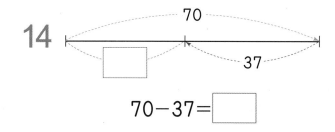

$$70-37=\boxed{}$$

11

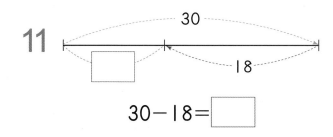

$$30-18=\boxed{}$$

15

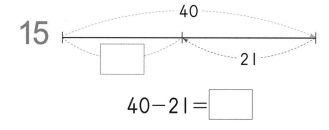

$$40-21=\boxed{}$$

12

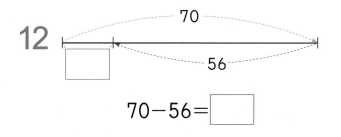

$$70-56=\boxed{}$$

16

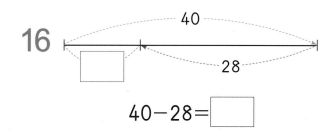

$$40-28=\boxed{}$$

3

덧셈과　뺄셈

☀ 계산을 하시오.

1
$$\begin{array}{r} \overset{7}{\cancel{8}}\overset{10}{\cancel{0}} \\ -\ 2\ 7 \\ \hline 5\ 3 \end{array}$$

일의 자리끼리 뺄 수 없으므로 십의 자리에서 받아내림하여 계산해.

→ 10−7=3
→ 8−1−2=5

6
$$\begin{array}{r} 3\ 0 \\ -\ 1\ 7 \\ \hline \end{array}$$

11
$$\begin{array}{r} 2\ 0 \\ -\ 1\ 4 \\ \hline \end{array}$$

2
$$\begin{array}{r} 5\ 0 \\ -\ 2\ 2 \\ \hline \end{array}$$

7
$$\begin{array}{r} 8\ 0 \\ -\ 6\ 2 \\ \hline \end{array}$$

12
$$\begin{array}{r} 7\ 0 \\ -\ 4\ 8 \\ \hline \end{array}$$

3
$$\begin{array}{r} 8\ 0 \\ -\ 2\ 9 \\ \hline \end{array}$$

8
$$\begin{array}{r} 6\ 0 \\ -\ 4\ 5 \\ \hline \end{array}$$

13
$$\begin{array}{r} 9\ 0 \\ -\ 2\ 9 \\ \hline \end{array}$$

4
$$\begin{array}{r} 8\ 0 \\ -\ 1\ 8 \\ \hline \end{array}$$

9
$$\begin{array}{r} 5\ 0 \\ -\ 4\ 6 \\ \hline \end{array}$$

14
$$\begin{array}{r} 3\ 0 \\ -\ 1\ 5 \\ \hline \end{array}$$

5
$$\begin{array}{r} 4\ 0 \\ -\ 2\ 6 \\ \hline \end{array}$$

10
$$\begin{array}{r} 5\ 0 \\ -\ 1\ 7 \\ \hline \end{array}$$

15
$$\begin{array}{r} 9\ 0 \\ -\ 3\ 5 \\ \hline \end{array}$$

16 40−18=22

세로셈으로
계산해 봐.

$$\begin{array}{r} \overset{3}{\cancel{4}}\,\overset{10}{0} \\ -\ 1\ 8 \\ \hline 2\ 2 \end{array}$$

17 70−36

18 80−35

19 50−24

20 80−53

21 90−88

22 80−39

23 90−73

24 50−27

25 90−43

26 30−11

27 60−32

28 70−47

29 60−47

30 70−42

31 50−25

3

덧셈과 뺄셈

✹ 그림을 보고 ☐ 안에 알맞은 수를 써넣으시오.

1

$32-17=\boxed{15}$

십 모형 |개를 일 모형 |0개로 바꾼 후 |7개를 빼어 봐.

5

$27-19=\boxed{}$

2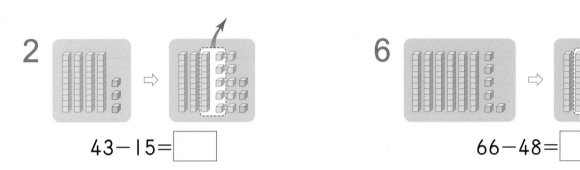

$43-15=\boxed{}$

6

$66-48=\boxed{}$

3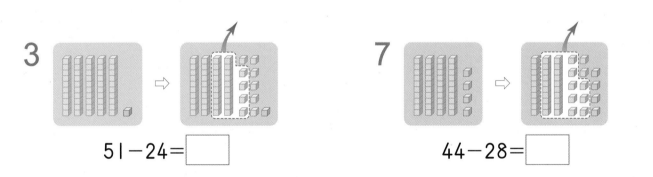

$51-24=\boxed{}$

7

$44-28=\boxed{}$

4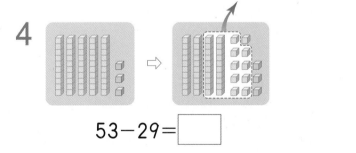

$53-29=\boxed{}$

8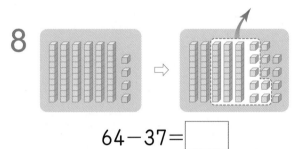

$64-37=\boxed{}$

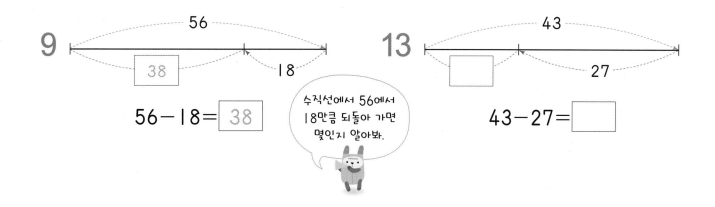

9

$$56-18=\boxed{38}$$

수직선에서 56에서 18만큼 되돌아 가면 몇인지 알아봐.

13

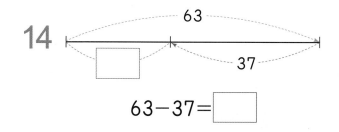

$$43-27=\boxed{}$$

10

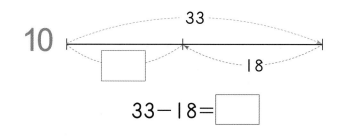

$$33-18=\boxed{}$$

14

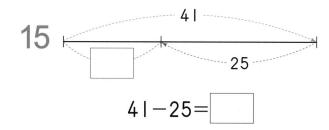

$$63-37=\boxed{}$$

11

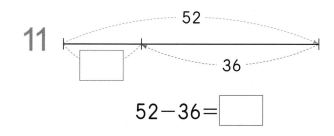

$$52-36=\boxed{}$$

15

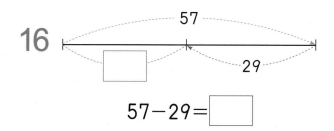

$$41-25=\boxed{}$$

12

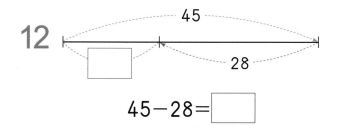

$$45-28=\boxed{}$$

16

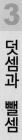

$$57-29=\boxed{}$$

3

덧셈과 뺄셈

☀ 계산을 하시오.

1.
$$
\begin{array}{r}
\overset{4}{\cancel{5}}\ \overset{10}{3} \\
-\ 3\ 6 \\
\hline
1\ 7
\end{array}
$$

일의 자리 숫자끼리 뺄 수 없을 때에는 십의 자리에서 받아내림하여 계산해야 해.

→ 10+3-6=7
→ 5-1-3=1

6.
$$
\begin{array}{r}
4\ 2 \\
-\ 1\ 8 \\
\hline
\end{array}
$$

11.
$$
\begin{array}{r}
3\ 5 \\
-\ 2\ 7 \\
\hline
\end{array}
$$

2.
$$
\begin{array}{r}
6\ 5 \\
-\ 1\ 9 \\
\hline
\end{array}
$$

7.
$$
\begin{array}{r}
7\ 4 \\
-\ 4\ 7 \\
\hline
\end{array}
$$

12.
$$
\begin{array}{r}
3\ 3 \\
-\ 1\ 5 \\
\hline
\end{array}
$$

3.
$$
\begin{array}{r}
9\ 2 \\
-\ 6\ 6 \\
\hline
\end{array}
$$

8.
$$
\begin{array}{r}
4\ 6 \\
-\ 2\ 9 \\
\hline
\end{array}
$$

13.
$$
\begin{array}{r}
7\ 5 \\
-\ 3\ 7 \\
\hline
\end{array}
$$

4.
$$
\begin{array}{r}
5\ 8 \\
-\ 2\ 9 \\
\hline
\end{array}
$$

9.
$$
\begin{array}{r}
3\ 7 \\
-\ 1\ 8 \\
\hline
\end{array}
$$

14.
$$
\begin{array}{r}
9\ 5 \\
-\ 5\ 8 \\
\hline
\end{array}
$$

5.
$$
\begin{array}{r}
8\ 2 \\
-\ 2\ 6 \\
\hline
\end{array}
$$

10.
$$
\begin{array}{r}
7\ 6 \\
-\ 5\ 9 \\
\hline
\end{array}
$$

15.
$$
\begin{array}{r}
9\ 2 \\
-\ 4\ 8 \\
\hline
\end{array}
$$

16 84−56=28

　　　7 10
　　→ 8 4
　　− 5 6
　　　2 8

받아내림에
주의하여
계산해 봐.

17 62−48

18 46−19

19 63−47

20 56−29

21 73−46

22 82−59

23 78−39

24 75−39

25 51−37

26 93−78

27 76−38

28 93−15

29 64−38

30 52−36

31 95−47

3

덧셈과 뺄셈

☀ 여러 가지 방법으로 뺄셈을 하려고 합니다. ☐ 안에 알맞은 수를 써넣으시오.

1 $65-17=60+5-10-\boxed{7}$
　　　　　$=50+5-\boxed{7}$
　　　　　$=\boxed{48}$

말풍선: 65=60+5, 17=10+7로 생각해.

5 $56-19=50+6-10-\boxed{}$
　　　　　$=40+6-\boxed{}$
　　　　　$=\boxed{}$

2 $37-18=30+\boxed{}-10-\boxed{}$
　　　　　$=20+\boxed{}-\boxed{}$
　　　　　$=\boxed{}$

6 $44-26=40+\boxed{}-20-\boxed{}$
　　　　　$=20+\boxed{}-\boxed{}$
　　　　　$=\boxed{}$

3 $65-37=60+5-\boxed{}-\boxed{}$
　　　　　$=30+\boxed{}-\boxed{}$
　　　　　$=\boxed{}$

7 $51-12=50+1-\boxed{}-\boxed{}$
　　　　　$=40+\boxed{}-\boxed{}$
　　　　　$=\boxed{}$

4 $82-46=80+\boxed{}-40-\boxed{}$
　　　　　$=\boxed{}+\boxed{}-\boxed{}$
　　　　　$=\boxed{}$

8 $94-55=90+\boxed{}-50-\boxed{}$
　　　　　$=\boxed{}+\boxed{}-\boxed{}$
　　　　　$=\boxed{}$

☀ 여러 가지 방법으로 뺄셈을 하려고 합니다. □ 안에 알맞은 수를 써넣으시오.

1　$47-29=49-29-\boxed{2}$
　　　　$=20-\boxed{2}=\boxed{18}$

일의 자리 수를 같게 해서 계산해 봐.

6　$36-19=39-19-\boxed{}$
　　　　$=20-\boxed{}=\boxed{}$

2　$73-45=75-\boxed{}-\boxed{}$
　　　　$=30-\boxed{}=\boxed{}$

7　$94-56=96-\boxed{}-\boxed{}$
　　　　$=40-\boxed{}=\boxed{}$

3　$52-39=59-\boxed{}-\boxed{}$
　　　　$=20-\boxed{}=\boxed{}$

8　$45-17=47-\boxed{}-\boxed{}$
　　　　$=30-\boxed{}=\boxed{}$

4　$63-48=\boxed{}-48-\boxed{}$
　　　　$=20-\boxed{}=\boxed{}$

9　$91-56=\boxed{}-56-\boxed{}$
　　　　$=40-\boxed{}=\boxed{}$

5　$86-38=\boxed{}-38-\boxed{}$
　　　　$=\boxed{}-\boxed{}=\boxed{}$

10　$76-39=\boxed{}-39-\boxed{}$
　　　　$=\boxed{}-\boxed{}=\boxed{}$

☀ 여러 가지 방법으로 뺄셈을 하려고 합니다. ☐ 안에 알맞은 수를 써넣으시오.

1 $74-17=\underline{74}-\underline{14}-\boxed{3}$

일의 자리 수를 같게 합니다.

$=60-\boxed{3}=\boxed{57}$

일의 자리 수를 4로 같게 해서 계산해 봐.

6 $82-36=82-32-\boxed{}$

$=50-\boxed{}=\boxed{}$

2 $72-45=72-\boxed{}-3$

$=\boxed{}-3=\boxed{}$

7 $61-39=61-\boxed{}-8$

$=\boxed{}-8=\boxed{}$

3 $95-57=95-\boxed{}-2$

$=\boxed{}-2=\boxed{}$

8 $83-46=83-\boxed{}-3$

$=\boxed{}-3=\boxed{}$

4 $41-15=41-\boxed{}-\boxed{}$

$=30-\boxed{}=\boxed{}$

9 $64-27=64-\boxed{}-\boxed{}$

$=40-\boxed{}=\boxed{}$

5 $93-38=93-\boxed{}-\boxed{}$

$=\boxed{}-\boxed{}=\boxed{}$

10 $82-65=82-\boxed{}-\boxed{}$

$=\boxed{}-\boxed{}=\boxed{}$

☀ 여러 가지 방법으로 뺄셈을 하려고 합니다. ☐ 안에 알맞은 수를 써넣으시오.

1 $33-16=33-20+\boxed{4}$
   20보다
   4 작은 수 $=13+\boxed{4}=\boxed{17}$

16을 20으로 생각하여 33에서 20을 뺀 후 4를 더해.

6 $74-58=74-60+\boxed{}$
   $=14+\boxed{}=\boxed{}$

2 $92-38=92-\boxed{}+2$
   $=\boxed{}+2=\boxed{}$

7 $71-54=71-\boxed{}+6$
   $=\boxed{}+6=\boxed{}$

3 $86-49=86-\boxed{}+1$
   $=\boxed{}+1=\boxed{}$

8 $53-18=53-\boxed{}+2$
   $=\boxed{}+2=\boxed{}$

4 $63-27=63-\boxed{}+\boxed{}$
   $=33+\boxed{}=\boxed{}$

9 $41-29=41-\boxed{}+\boxed{}$
   $=11+\boxed{}=\boxed{}$

5 $96-78=96-\boxed{}+\boxed{}$
   $=\boxed{}+\boxed{}=\boxed{}$

10 $84-35=84-\boxed{}+\boxed{}$
    $=\boxed{}+\boxed{}=\boxed{}$

3
덧셈과 뺄셈

☀ 빈 곳에 알맞은 수를 써넣으시오.

1
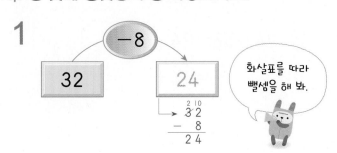

화살표를 따라 뺄셈을 해 봐.

7
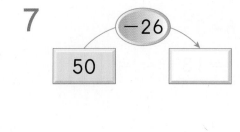

2
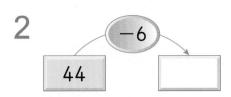

8
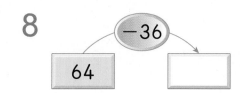

3
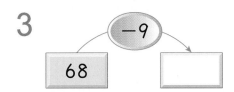

9
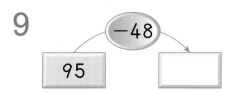

4
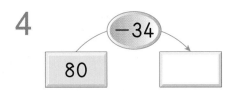

10
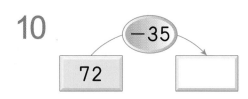

5
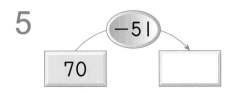

11
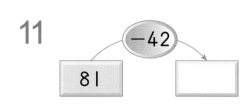

6
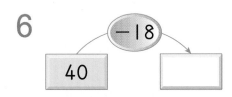

12
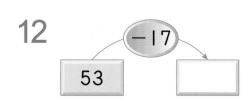

☀ 빈 곳에 알맞은 수를 써넣으시오.

1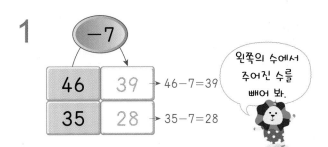

2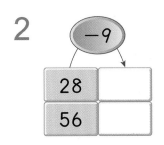

3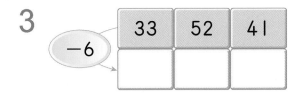

4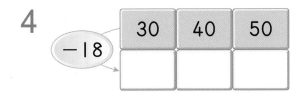

5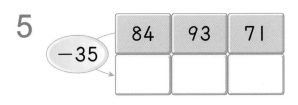

6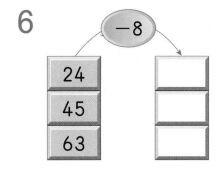

7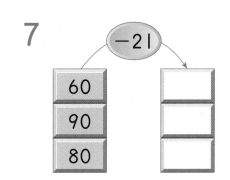

8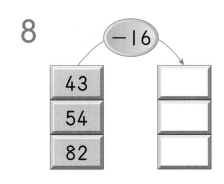

9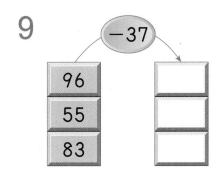

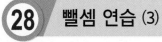
☀ 빈칸에 알맞은 수를 써넣으시오.

1

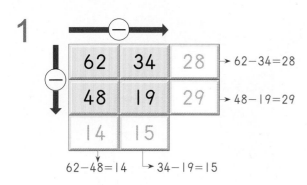

62	34	28	→ 62−34=28
48	19	29	→ 48−19=29
14	15

62−48=14   → 34−19=15

2

80	35	
26	17	

3

61	36	
27	19	

4

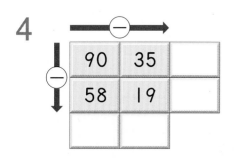

90	35	
58	19	

5

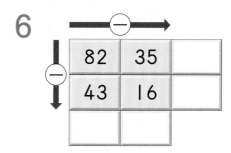

73	46	
37	18	

6

82	35	
43	16	

7

60	42	
34	18	

8

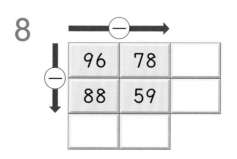

96	78	
88	59	

☀ 계산 결과를 비교하여 ○ 안에 >, =, <를 알맞게 써넣으시오.

1 26−7 ⟩ 15

    └ 26−7=19>15 ┘

뺄셈을 한 후
두 수의 크기를
비교해 봐.

2 85−6 ◯ 73

3 70−35 ◯ 41

4 55 ◯ 63−8

5 34 ◯ 52−16

6 65 ◯ 90−22

7 11 ◯ 45−27

8 73−58 ◯ 64−45

9 85−39 ◯ 42−16

10 50−14 ◯ 86−48

11 24−5 ◯ 43−36

12 53−16 ◯ 70−31

13 64−29 ◯ 72−45

14 84−37 ◯ 95−68

3

덧셈과 뺄셈

☀ 두 수의 합을 구하시오.

받아올림에
주의해서 구해 봐.

1 | 32　9 |

└ 합: 32+9=41

(41)

2 | 94　83 |

( )

3 | 47　69 |

( )

4 | 28　56 |

( )

5 | 15　38 |

( )

6 | 46　75 |

( )

☀ 알맞은 수를 구하시오.

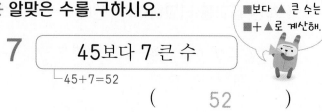

■보다 ▲ 큰 수는
■+▲로 계산해.

7 | 45보다 7 큰 수 |

└ 45+7=52

(52)

8 | 13보다 18 큰 수 |

( )

9 | 47보다 16 큰 수 |

( )

10 | 95보다 26 큰 수 |

( )

11 | 54보다 88 큰 수 |

( )

12 | 48보다 57 큰 수 |

( )

☀ 두 수의 차를 구하시오.

큰 수에서 작은 수를 빼어 봐.

1 | 35   18 |

└ 차: 35-18=17

(17)

☀ 알맞은 수를 구하시오.

■보다 ▲ 작은 수는 ■-▲로 계산해.

7 | 41보다 17 작은 수 |

└ 41-17=24

(24)

2 | 46   8 |

(   )

8 | 76보다 49 작은 수 |

(   )

3 | 15   84 |

(   )

9 | 60보다 18 작은 수 |

(   )

4 | 32   70 |

(   )

10 | 35보다 16 작은 수 |

(   )

5 | 63   47 |

(   )

11 | 84보다 45 작은 수 |

(   )

6 | 26   91 |

(   )

12 | 93보다 66 작은 수 |

(   )

3

덧셈과 뺄셈

☀ 덧셈식을 보고 뺄셈식으로 나타내어 보시오.

1 | 4+5=9 |

⇨ 9−5= 4
    9− 4 =5

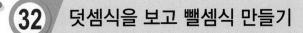

●+■=▲는
▲−■=● 또는
▲−●=■로
나타낼 수 있어.

2 | 8+6=14 |

⇨ 14−6=□
    14−□=6

3 | 12+18=30 |

⇨ 30−18=□
    □−12=18

4 | 37+9=46 |

⇨ 46−9=□
    □−37=9

5 | 21+13=34 |

⇨ 34−13=□
    34−□=□

6 | 34+28=62 |

⇨ 62−□=34
    62−□=□

7 | 16+5=21 |

⇨ 21−□=□
    □−□=□

8 | 25+14=39 |

⇨ 39−□=□
    □−□=□

9 | 36+47=83 |

⇨ □−□=□
    □−□=□

10 | 32+63=95 |

⇨ □−□=□
    □−□=□

☀ 뺄셈식을 보고 덧셈식으로 나타내어 보시오.

1 $8-5=3$

$\Rightarrow$ $3+5=\boxed{8}$
$5+\boxed{3}=8$

●―■=▲는
▲+■=● 또는
■+▲=●로
나타낼 수 있어.

2 $9-2=7$

$\Rightarrow$ $7+\boxed{}=9$
$2+7=\boxed{}$

3 $14-6=8$

$\Rightarrow$ $\boxed{}+6=14$
$6+\boxed{}=14$

4 $21-15=6$

$\Rightarrow$ $6+\boxed{}=21$
$\boxed{}+6=21$

5 $34-18=16$

$\Rightarrow$ $\boxed{}+18=34$
$18+\boxed{}=\boxed{}$

6 $45-23=22$

$\Rightarrow$ $\boxed{}+23=45$
$23+\boxed{}=\boxed{}$

7 $52-9=43$

$\Rightarrow$ $43+\boxed{}=\boxed{}$
$\boxed{}+\boxed{}=\boxed{}$

8 $60-28=32$

$\Rightarrow$ $32+\boxed{}=\boxed{}$
$\boxed{}+\boxed{}=\boxed{}$

9 $76-37=39$

$\Rightarrow$ $\boxed{}+\boxed{}=\boxed{}$
$\boxed{}+\boxed{}=\boxed{}$

10 $85-31=54$

$\Rightarrow$ $\boxed{}+\boxed{}=\boxed{}$
$\boxed{}+\boxed{}=\boxed{}$

☀ □를 사용하여 알맞은 덧셈식을 쓰시오.

1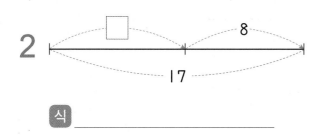

식　　　□+12=20

□에서 12만큼 오른쪽으로 더 갔으므로 덧셈식으로 나타내어 봐.

5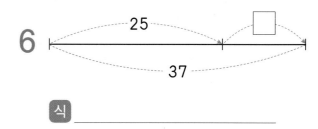

식

2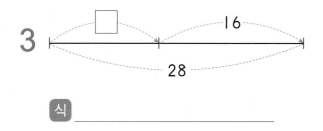

식

6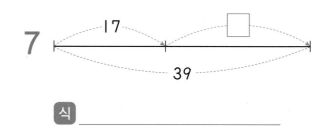

식

3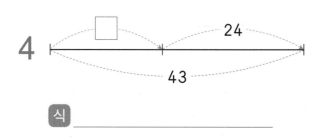

식

7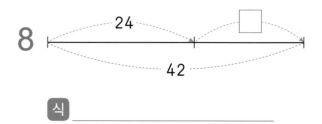

식

4

식

8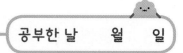

식

☀ □를 사용하여 알맞은 뺄셈식을 쓰시오.

1

식 $11 - \square = 7$

11에서 □만큼 되돌아왔으므로 뺄셈식으로 나타내어 봐.

5

식   _____

2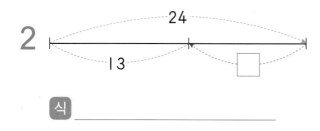

식   _____

6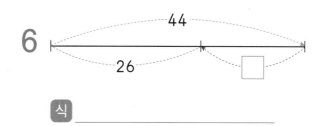

식   _____

3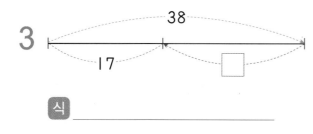

식   _____

7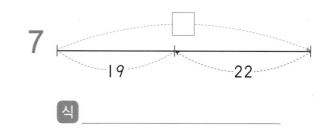

식   _____

4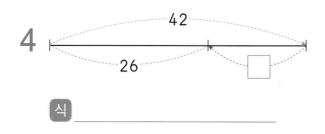

식   _____

8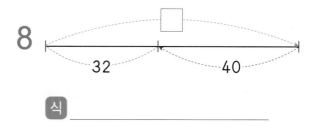

식   _____

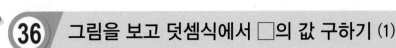

☀ 빈 곳에 알맞은 수만큼 ○를 그리고, □ 안에 알맞은 수를 써넣으시오.

1

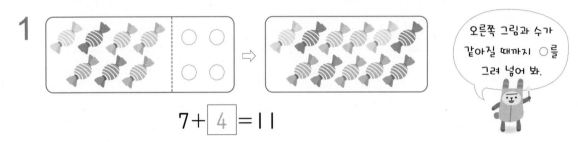

오른쪽 그림과 수가 같아질 때까지 ○를 그려 넣어 봐.

$7 + \boxed{4} = 11$

2

$12 + \boxed{} = 19$

3

$16 + \boxed{} = 21$

4

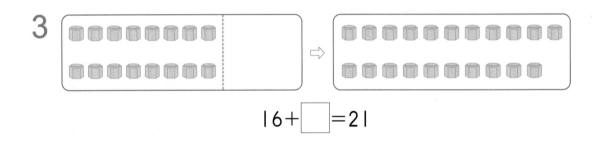

$\boxed{} + 12 = 20$

5

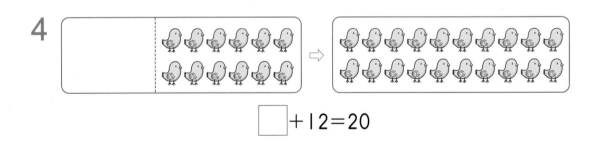

$\boxed{} + 13 = 22$

✹ 수직선을 보고 ☐ 안에 알맞은 수를 써넣으시오.

1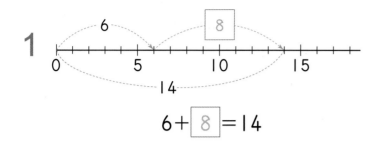

6에서 몇 칸을 더
가야 14가 되는지
세어 봐.

$$6+\boxed{8}=14$$

2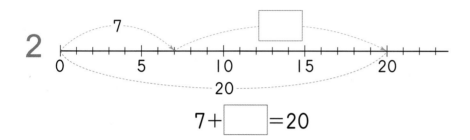

$$7+\boxed{}=20$$

3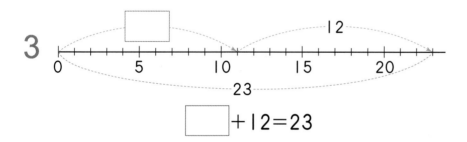

$$\boxed{}+12=23$$

4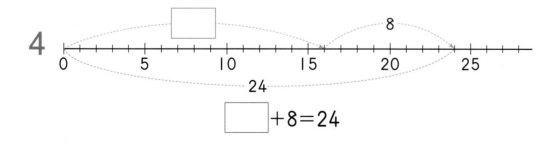

$$\boxed{}+8=24$$

5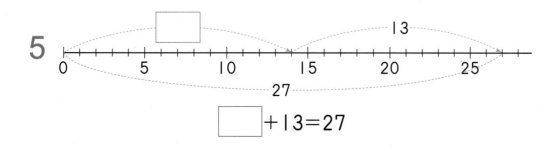

$$\boxed{}+13=27$$

☀ 덧셈식을 뺄셈식으로 바꾸어 ■의 값을 구하려고 합니다. □ 안에 알맞은 수를 써넣으시오.

1　12+■=20

⇨ 20− 12 =■

　■= 8

> 12+■=20은
> 20−■=12 또는
> 20−12=■로
> 바꿀 수 있어.

6　■+8=36

⇨ 36−☐=■,　■=☐

2　7+■=11

⇨ 11−☐=■,　■=☐

7　■+14=23

⇨ 23−☐=■,　■=☐

3　9+■=16

⇨ 16−☐=■,　■=☐

8　■+19=42

⇨ 42−☐=■,　■=☐

4　15+■=32

⇨ 32−☐=■,　■=☐

9　■+28=44

⇨ 44−☐=■,　■=☐

5　27+■=53

⇨ ☐−27=■,　■=☐

10　■+25=63

⇨ ☐−25=■,　■=☐

☀ 그림에서 알맞은 수만큼 ×표 하고, ☐ 안에 알맞은 수를 써넣으시오.

1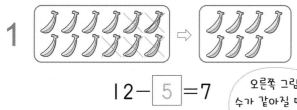

$12 - \boxed{5} = 7$

오른쪽 그림과
수가 같아질 때까지
×표 해 봐.

5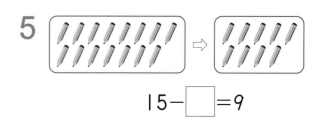

$15 - \boxed{} = 9$

2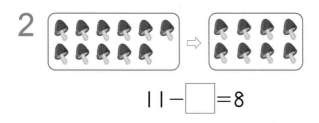

$11 - \boxed{} = 8$

6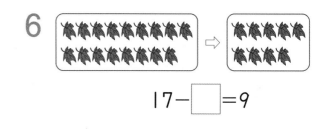

$17 - \boxed{} = 9$

3

$13 - \boxed{} = 4$

7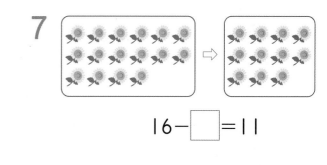

$16 - \boxed{} = 11$

4

$14 - \boxed{} = 7$

8

$20 - \boxed{} = 11$

3

덧셈과 뺄셈

☀ 수직선을 보고 □ 안에 알맞은 수를 써넣으시오.

1
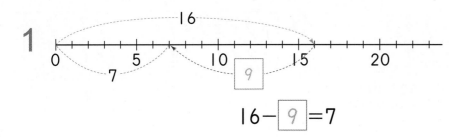

$$16 - \boxed{9} = 7$$

2
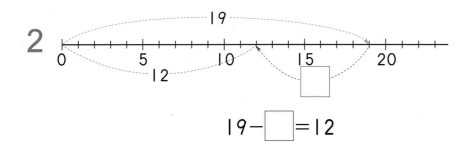

$$19 - \boxed{} = 12$$

3
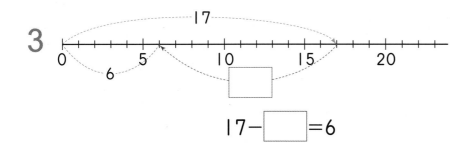

$$17 - \boxed{} = 6$$

4
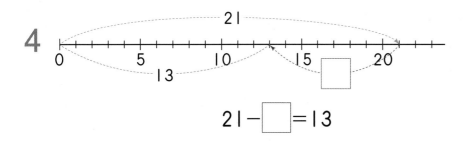

$$21 - \boxed{} = 13$$

5
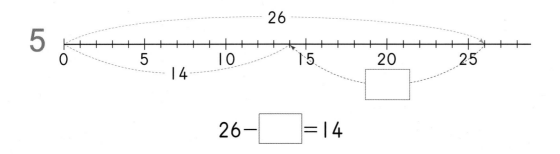

$$26 - \boxed{} = 14$$

✳ 뺄셈식을 덧셈식으로 바꾸어 ■의 값을 구하려고 합니다. □ 안에 알맞은 수를 써넣으시오.

●－▲＝■는
■＋▲＝●로
나타낼 수 있어.

1 ■－13＝7

⇨ 7 ＋13＝■

■＝ 20

2 ■－8＝4

⇨ □ ＋8＝■, ■＝□

3 ■－15＝18

⇨ □ ＋15＝■, ■＝□

4 ■－17＝19

⇨ □ ＋17＝■, ■＝□

5 ■－24＝31

⇨ 31＋□ ＝■, ■＝□

6 ■－35＝52

⇨ 52＋□ ＝■, ■＝□

7 ■－16＝43

⇨ 43＋□ ＝■, ■＝□

8 ■－29＝45

⇨ 45＋□ ＝■, ■＝□

9 ■－47＝64

⇨ 64＋□ ＝■, ■＝□

10 ■－36＝72

⇨ 72＋□ ＝■, ■＝□

42 뺄셈식을 뺄셈식으로 바꾸어 □의 값 구하기

☀ 뺄셈식을 뺄셈식으로 바꾸어 ■의 값을 구하려고 합니다. □ 안에 알맞은 수를 써넣으시오.

1 $17 - ■ = 6$

⇨ $17 - \boxed{6} = ■$

   $■ = \boxed{11}$

■ ― ▲ = ● 는
■ ― ● = ▲ 로
나타낼 수 있어.

6 $11 - ■ = 6$

⇨ $\boxed{} - 6 = ■$

   $■ = \boxed{}$

2 $18 - ■ = 9$

⇨ $\boxed{} - 9 = ■,\ ■ = \boxed{}$

7 $23 - ■ = 14$

⇨ $\boxed{} - 14 = ■,\ ■ = \boxed{}$

3 $27 - ■ = 15$

⇨ $27 - \boxed{} = ■,\ ■ = \boxed{}$

8 $34 - ■ = 16$

⇨ $\boxed{} - 16 = ■,\ ■ = \boxed{}$

4 $45 - ■ = 27$

⇨ $45 - \boxed{} = ■,\ ■ = \boxed{}$

9 $44 - ■ = 37$

⇨ $\boxed{} - 37 = ■,\ ■ = \boxed{}$

5 $62 - ■ = 38$

⇨ $62 - \boxed{} = ■,\ ■ = \boxed{}$

10 $53 - ■ = 35$

⇨ $\boxed{} - 35 = ■,\ ■ = \boxed{}$

☀ 빈 곳에 알맞은 수를 써넣으시오.

1
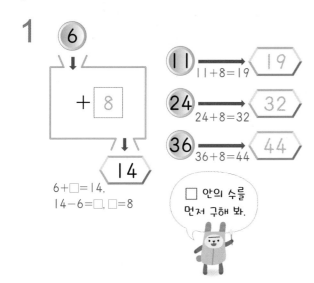

11 → 19
11+8=19

24 → 32
24+8=32

36 → 44
36+8=44

6+□=14,
14−6=□, □=8

□ 안의 수를
먼저 구해 봐.

2
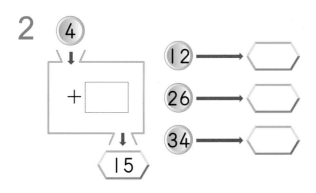

3
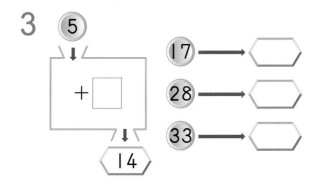

4
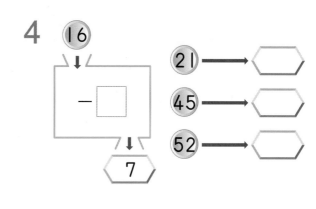

5
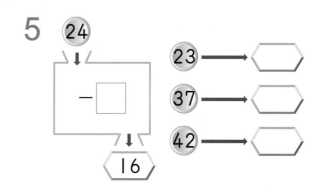

6
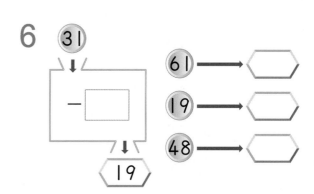

3

덧셈과 뺄셈

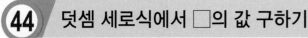
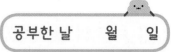
☀ □ 안에 알맞은 수를 써넣으시오.

1
```
    1
    3 3
  + 3 8
  ⑦ 1
```
받아올림한 수를 빠뜨리지 않도록 주의해.

1+□+3=7, □+4=7, □=3

6
```
    6 □
  + 8 7
  1 5 3
```

11
```
    7 3
  + □ 6
  1 0 □
```

2
```
    2 □
  + 1 9
    4 4
```

7
```
    □ 3
  + 5 2
  1 1 □
```

12
```
    4 2
  + □ 8
    9 □
```

3
```
    4 3
  + 2 □
    7 1
```

8
```
    1 9
  + 4 □
    □ 3
```

13
```
    3 □
  + 2 6
    □ 4
```

4
```
    □ 6
  + 4 2
  1 1 8
```

9
```
    7 □
  + 4 8
  □ 2 3
```

14
```
    2 7
  + 4 □
    □ 5
```

5
```
    3 4
  + □ 6
  1 2 0
```

10
```
    □ 7
  + 2 8
    4 □
```

15
```
    8 2
  + □ 8
  □ 7 □
```

☀ □ 안에 알맞은 수를 써넣으시오.

1
```
    ¹ ¹⁰
  [2] 6
-    7
─────
  ① 9
```
□-1=1, □=2

받아내림에 주의해서 알맞은 수를 구해 봐.

6
```
   5 5
- □ 7
─────
   2 8
```

11
```
  □ 4
- 3 5
─────
  2 □
```

2
```
  □ 8
-   9
─────
  4 9
```

7
```
   6 0
- □ 6
─────
   2 4
```

12
```
   6 1
- 2 □
─────
  □ 3
```

3
```
  3 □
-   5
─────
  2 8
```

8
```
   4 □
- 2 5
─────
   1 6
```

13
```
   7 □
- □ 5
─────
   3 7
```

4
```
  4 □
-   2
─────
  3 8
```

9
```
  □ 7
- 1 8
─────
  7 9
```

14
```
   9 4
- □ 8
─────
   5 □
```

5
```
  3 2
- 1 □
─────
  1 4
```

10
```
   8 5
- 2 □
─────
  □ 7
```

15
```
   8 □
- 4 1
─────
  □ 9
```

☀ 계산을 하시오.

1 $28+8+5=$ ☐ 41

세 수의 덧셈은
순서에 관계없이
더해도 결과는 같아.

36

41

2 $8+16+5=$ ☐

3 $8+4+47=$ ☐

4 $56+6+9=$ ☐

5 $31+28+26=$ ☐

6 $43+19+28=$ ☐

7 $35+16+27=$ ☐

8 $26+45+37=$ ☐

9 $17+29+46=$ ☐

10 $28+37+18=$ ☐

11 $24+17+35=$ ☐

12 $19+18+37=$ ☐

13 $29+34+27=$ ☐

14 $45+38+29=$ ☐

☀ **계산을 하시오.**

1 52−5−4= 43

세 수의 뺄셈은
반드시 앞에서부터
차례대로 계산해야 해.

2 74−6−5=

3 38−16−8=

4 28−19−3=

5 72−45−12=

6 94−55−16=

7 83−29−25=

8 65−26−15=

9 61−28−27=

10 56−19−25=

11 70−32−16=

12 83−29−42=

13 96−28−54=

14 64−18−29=

3

덧셈과 뺄셈

☀ 계산을 하시오.

1 26+17－9= 34
①
43
②
34

앞에서부터
차례로 계산해 봐.

8 35+27－18=

2 38+16－24=

9 45+38－25=

3 14+18－7=

10 26+47－28=

4 26+39－17=

11 48+27－19=

5 57+14－29=

12 59+24－37=

6 28+16－15=

13 78+16－33=

7 32+19－17=

14 63+27－48=

49 덧셈과 뺄셈이 섞여 있는 식 (2)

☀ 계산을 하시오.

1 $40-16+27=\boxed{51}$

앞에서부터 차례로 계산해야 해.

①
24
②
51

2 $21-7+38=\boxed{}$

3 $82-6+19=\boxed{}$

4 $51-27+35=\boxed{}$

5 $36-19+28=\boxed{}$

6 $34-19+45=\boxed{}$

7 $46-17+34=\boxed{}$

8 $50-11+23=\boxed{}$

9 $64-36+47=\boxed{}$

10 $73-25+43=\boxed{}$

11 $42-23+15=\boxed{}$

12 $62-38+17=\boxed{}$

13 $56-38+22=\boxed{}$

14 $90-42+29=\boxed{}$

3
덧셈과 뺄셈

단원평가

1 그림을 보고 □ 안에 알맞은 수를 써넣으시오.

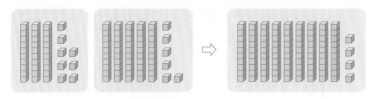

$$38 + 56 = \boxed{}$$

• 일 모형 10개는 십 모형 1개와 같습니다.

2 □ 안에 알맞은 수를 써넣으시오.

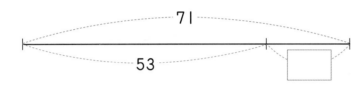

53+□=71 또는
71−□=53의 식을
세워 값을 구해 봐.

3 계산을 하시오.

(1)
$$\begin{array}{r} 6\ 4 \\ +\ 9\ 5 \\ \hline \end{array}$$

(2)
$$\begin{array}{r} 8\ 0 \\ -\ 3\ 7 \\ \hline \end{array}$$

• 받아올림과 받아내림에 주의하여 계산합니다.

4 □ 안에 알맞은 수를 써넣으시오.

(1) $39 + 22 = 39 + \boxed{} + 2$

$ = \boxed{} + 2 = \boxed{}$

(2) $83 - 46 = 83 - \boxed{} - 6$

$ = \boxed{} - 6 = \boxed{}$

• 여러 가지 방법으로 덧셈과 뺄셈을 할 수 있습니다.

5 계산을 하시오.

(1) $26 + 8 + 3$

(2) $74 - 19 - 25$

• 세 수의 덧셈은 더하는 순서를 바꾸어 계산해도 되지만 세 수의 뺄셈은 앞에서부터 차례로 계산해야 합니다.

6 덧셈식을 보고 뺄셈식을 2개 만드시오.

$$27+18=45 \Rightarrow$$

- ■＋▲＝●
  - ●－▲＝■
  - ●－■＝▲

7 □ 안에 알맞은 수를 써넣으시오.

(1) $36+\boxed{}=73$ (2) $93-\boxed{}=37$

· 덧셈과 뺄셈의 관계를 이용하여 □의 값을 구할 수 있습니다.

8 □ 안에 알맞은 수를 써넣으시오.

(1)
$$\begin{array}{r} \boxed{}\,6 \\ +\ 4\ 7 \\ \hline 1\ 2\ 3 \end{array}$$

(2)
$$\begin{array}{r} 8\,\boxed{} \\ -\ 5\ 5 \\ \hline 2\ 9 \end{array}$$

· 받아올림과 받아내림에 주의하여 □의 값을 구해 봅니다.

9 불이 켜지는 가로등이 78개일 때 불이 켜지지 않는 가로등은 몇 개입니까?

가로등은 모두 93개야.

(   )

3

덧셈과 뺄셈

4 길이 재기

제4화 먹보 대장! 현수와 콩콩이의 하루는?

이미 배운 내용	이번에 배울 내용	앞으로 배울 내용
[1-1 비교하기] • 길이(키, 높이) 비교하기 • 무게 비교하기 • 넓이 비교하기 • 담을 수 있는 양 비교하기	• 여러 가지 단위로 길이 재기 • 1 cm 알아보기 • 자를 이용하여 길이 재기 • 길이 어림하기	**[2-2 길이 재기]** • 1 m 알아보기 • 길이의 합과 차 **[3-1 시간과 길이]** • 1 mm / 1 km 알아보기

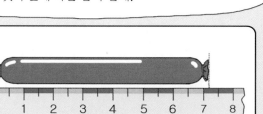

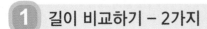

배운 것 확인하기

1 길이 비교하기 – 2가지

☀ 더 긴 것에 ○표, 더 짧은 것에 △표 하시오.

1
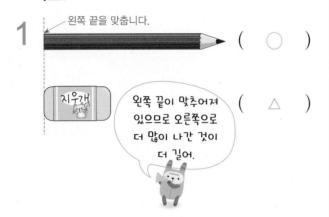
왼쪽 끝을 맞춥니다.
(○)
(△)

왼쪽 끝이 맞추어져 있으므로 오른쪽으로 더 많이 나간 것이 더 길어.

2
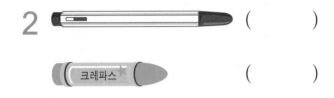
( )
( )

3
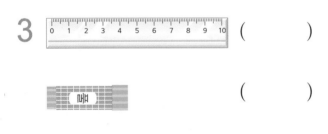
( )
( )

4
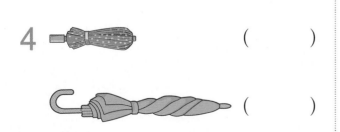
( )
( )

2 길이 비교하기 – 3가지

☀ 가장 긴 것에 ○표, 가장 짧은 것에 △표 하시오.

1
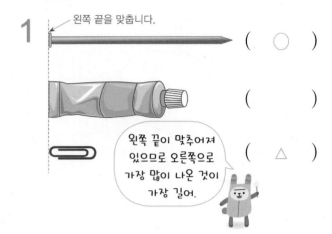
왼쪽 끝을 맞춥니다.
(○)
( )
(△)

왼쪽 끝이 맞추어져 있으므로 오른쪽으로 가장 많이 나온 것이 가장 길어.

2
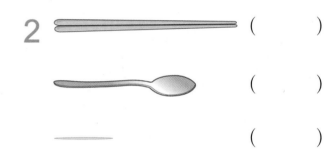
( )
( )
( )

3
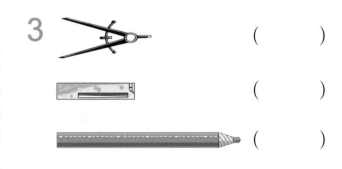
( )
( )
( )

4
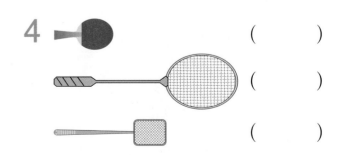
( )
( )
( )

3 높이 비교하기 – 2가지

✹ 더 높은 것에 ◯표, 더 낮은 것에 △표 하시오.

1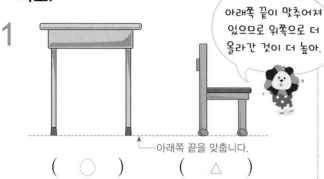

아래쪽 끝이 맞추어져 있으므로 위쪽으로 더 올라간 것이 더 높아.

└─아래쪽 끝을 맞춥니다.

(◯)　　(△)

2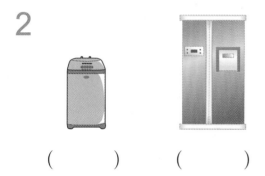

( )　　( )

3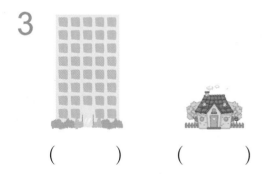

( )　　( )

4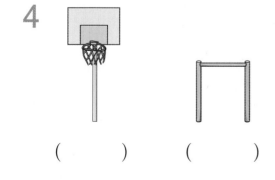

( )　　( )

4 높이 비교하기 – 3가지

✹ 가장 높은 것에 ◯표, 가장 낮은 것에 △표 하시오.

1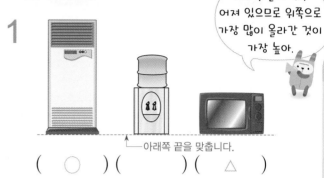

아래쪽 끝이 맞추어져 있으므로 위쪽으로 가장 많이 올라간 것이 가장 높아.

└─아래쪽 끝을 맞춥니다.

(◯) ( ) (△)

2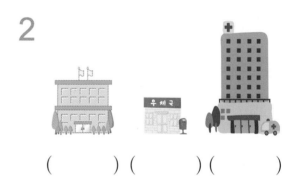

( ) ( ) ( )

3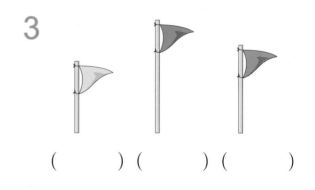

( ) ( ) ( )

4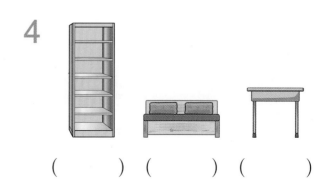

( ) ( ) ( )

☀ 주어진 물건의 길이를 여러 가지 단위로 재어 보시오.

1

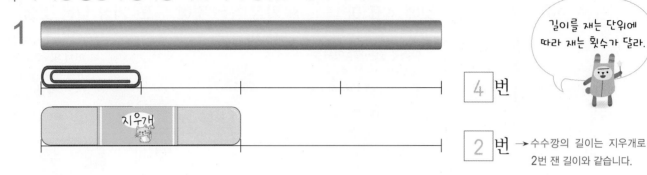

4 번

2 번 → 수수깡의 길이는 지우개로 2번 잰 길이와 같습니다.

길이를 재는 단위에 따라 재는 횟수가 달라.

2

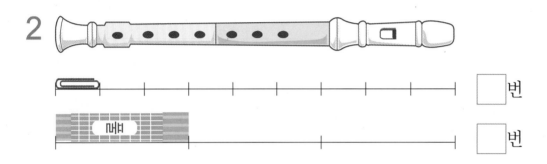

☐ 번

☐ 번

3

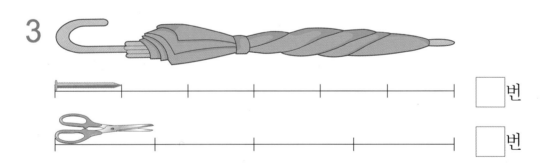

☐ 번

☐ 번

4

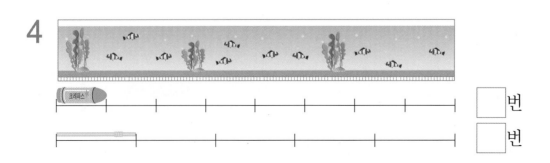

☐ 번

☐ 번

☀ 주어진 길이를 쓰고 읽어 보시오.

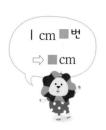

1  의 길이를  라 쓰고, 1 센티미터라고 읽습니다.

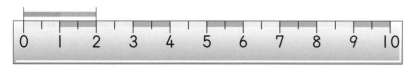

Icm [2]번   2cm   2 센티미터

2
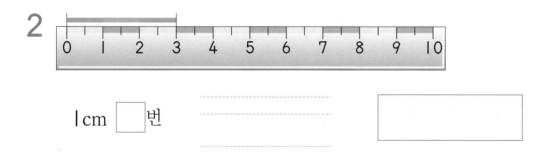

Icm [ ]번

3
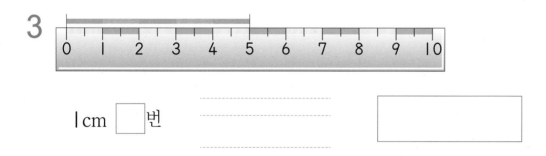

Icm [ ]번

4
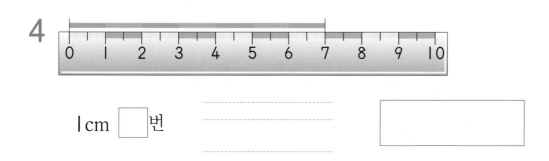

Icm [ ]번

☀ 물건의 길이를 알아보시오.

1

오른쪽 끝이 5를 가리키므로 5 cm입니다.

물건의 한끝을 자의 눈금 0에 맞춘 다음 다른 끝에 있는 자의 눈금을 읽어 봐.

| 5 | cm

2

| | cm

3
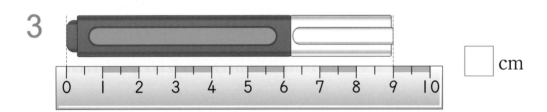

| | cm

4
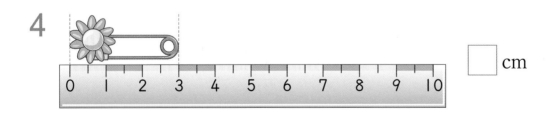

| | cm

5
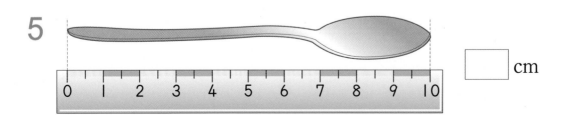

| | cm

☀ 물건의 길이를 알아보시오.

1

→ 5부터 8까지 1 cm가 3번 들어가므로 3 cm입니다.

3 cm

4

길이 재기

물건의 한끝을 자의 한 눈금에 맞춘 다음 그 눈금에서 다른 끝까지 1 cm가 몇 번 들어가는지 세어 봐.

2

☐ cm

3

☐ cm

4

☐ cm

5

☐ cm

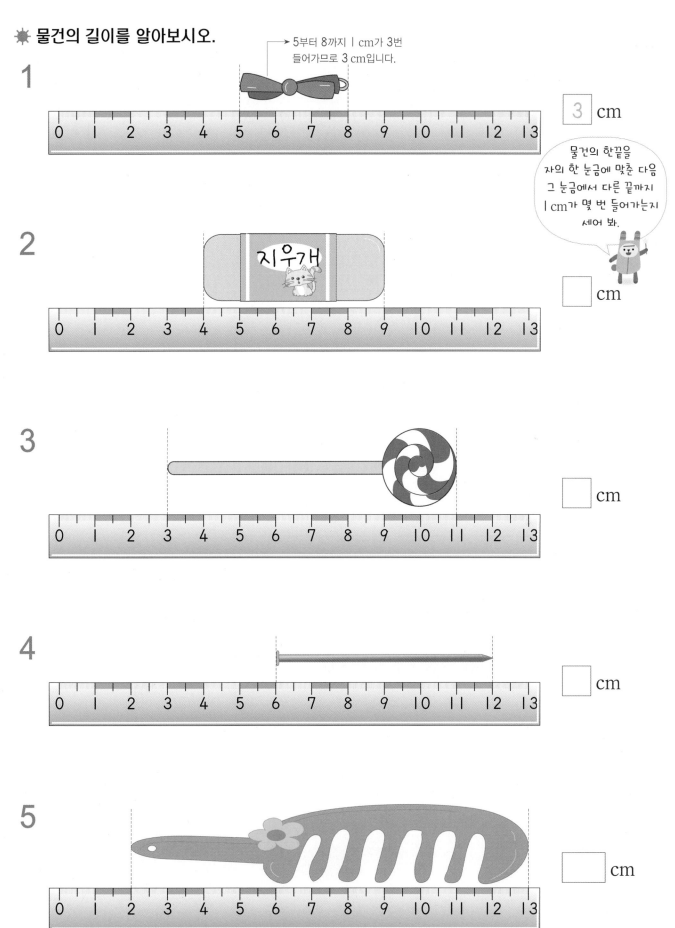

☀ 물건의 길이는 약 몇 cm인지 알아보시오.

길이가 자의 눈금 사이에 있을 때는 눈금과 가까운 쪽에 있는 숫자를 읽으며, 약 ☐ cm라고 해.

1
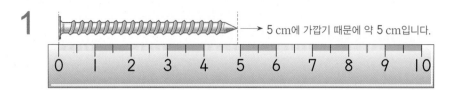
→ 5 cm에 가깝기 때문에 약 5 cm입니다.

약 [5] cm

2

약 ☐ cm

3
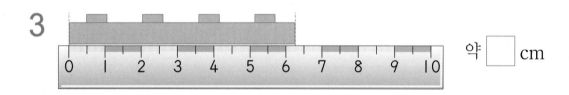

약 ☐ cm

4

약 ☐ cm

5

약 ☐ cm

☀ 물건의 길이를 재어 같은 길이의 선으로 그리시오.

주어진 물건의 길이가
■cm일 때 연필 끝을 자의
눈금 0에 맞추고 눈금 ■까지
선을 그어.

1

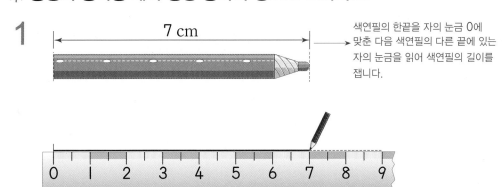

색연필의 한끝을 자의 눈금 0에
맞춘 다음 색연필의 다른 끝에 있는
자의 눈금을 읽어 색연필의 길이를
잽니다.

2

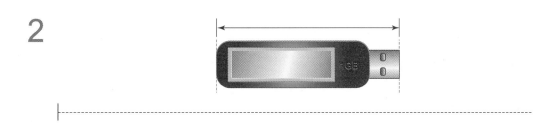

3

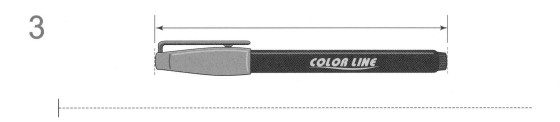

4

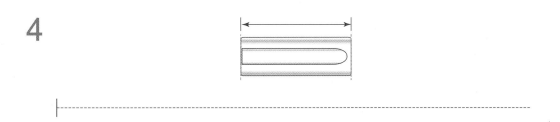

5

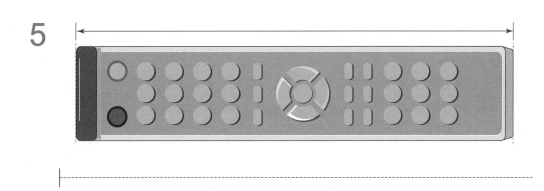

☀ 물건의 길이를 어림하고 자로 재어 확인해 보시오.

길이를 어림할 때는 1 cm가 몇 번 있는지 생각하여 어림해.

1

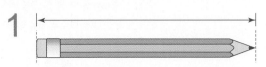

⇨ 어림한 길이: 약 6 cm, 자로 잰 길이: 6 cm

　　　└→ 어림한 길이를 말할 때는 숫자 앞에 '약'을 붙여서 말합니다.

2

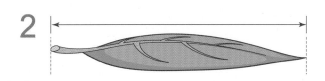

어림한 길이	
자로 잰 길이	

3

어림한 길이	
자로 잰 길이	

4

어림한 길이	
자로 잰 길이	

5

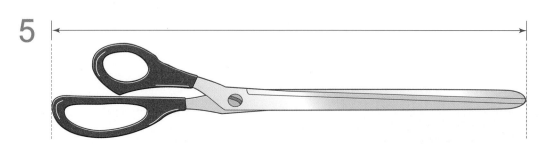

어림한 길이	
자로 잰 길이	

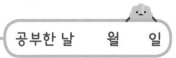

☀ 물건의 길이를 어림한 것입니다. 실제 길이에 더 가깝게 어림한 사람의 이름을 쓰시오.

1

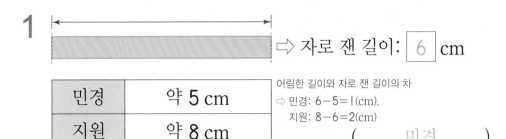

⇨ 자로 잰 길이: 6 cm

민경	약 5 cm
지원	약 8 cm

어림한 길이와 자로 잰 길이의 차
⇨ 민경: 6−5=1(cm),
  지원: 8−6=2(cm)

(민경)

어림한 길이와 자로 잰 길이의 차가 작을수록 더 가깝게 어림한 거야.

4

길이 재기

2

⇨ 자로 잰 길이: ☐ cm

혜민	약 2 cm
영지	약 5 cm

( )

3

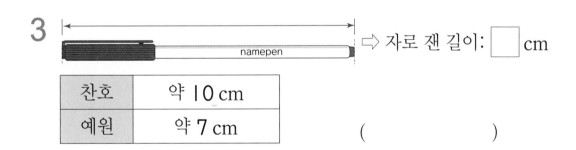

⇨ 자로 잰 길이: ☐ cm

찬호	약 10 cm
예원	약 7 cm

( )

4

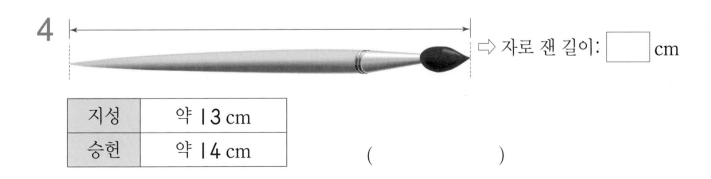

⇨ 자로 잰 길이: ☐ cm

지성	약 13 cm
승현	약 14 cm

( )

단원평가

1 나무토막의 길이는 망치로 몇 번입니까?

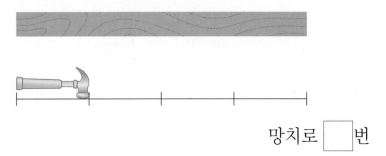

망치로 ☐ 번

2 풀의 길이는 몇 cm인지 쓰고, 읽어 보시오.

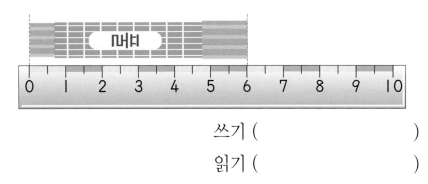

쓰기 (   )

읽기 (   )

풀의 왼쪽 끝이 자의 눈금 0에 맞추어져 있으므로 풀의 오른쪽 끝에 있는 자의 눈금을 읽어 봐.

3 머리끈의 길이는 약 몇 cm입니까?

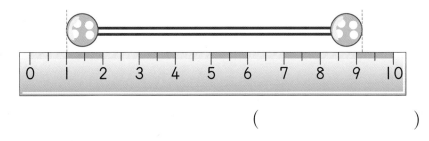

(   )

머리끈의 한끝이 눈금 1을 가리키므로 1에서부터 1cm가 몇 번 들어가는지 세어 봐.

4 종이 테이프의 길이를 자로 재어 보시오.

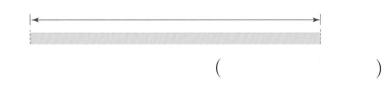

(   )

5 점선을 따라 5 cm만큼 선을 그어 보시오.

├ -

· 연필 끝을 자의 눈금 0에 맞추고 눈금 5까지 선을 긋습니다.

6 못의 길이를 어림하고 자로 재어 확인해 보시오.

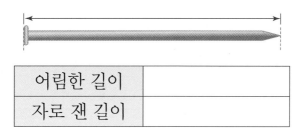

어림한 길이	
자로 잰 길이	

• 1 cm가 몇 번 있는지 생각해 봅니다.

4
길이 재기

7 더 짧은 털실을 가지고 있는 친구를 찾아 ○표 하시오.

내 털실의 길이는 클립으로 9번이야.

정원

내 털실의 길이는 젓가락으로 7번이야.

동규

(   )   (   )

• 클립의 길이는 젓가락의 길이보다 더 짧습니다.

8 나뭇잎의 길이를 어림한 것입니다. 실제 길이에 더 가깝게 어림한 사람의 이름을 쓰시오.

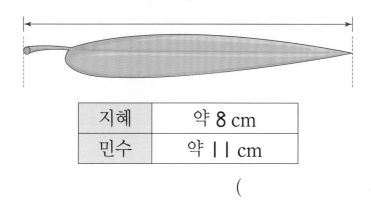

지혜	약 8 cm
민수	약 11 cm

(   )

어림한 길이와 자로 잰 길이의 차가 더 작은 사람이 더 가깝게 어림한 거야.

QR 코드를 찍어 보세요.

문제 생성기 새로운 문제를 계속 풀 수 있어요.
학습 게임 재미있는 학습 게임을 할 수 있어요.

5 분류하기

제5화 딱지 부자를 만난 콩콩이와 현수

뭐야, 빨리 내 딱지 안 줘?

내가 좋아하는 딱지란 말야.
내 공룡 딱지랑 바꾸자.
탁 탁 탁

뒤, 뒤에……
앗!

헉!

콰당탕

미안해 ㅠ.ㅠ
으……

도와줄게.
딱지가 엄청 많아.

딱지를 캐릭터 별로 줍자.

난 만화 주인공.
그럼 난 공룡.
난 로봇.

휴~ 다 주웠다.

분류한 걸 세어 볼까?

게임	만화 주인공	공룡	로봇
세면서 표시하기	〢〢〢〢 〢〢〢	〢〢〢〢 〢〢〢〢	〢〢〢〢 〢
딱지의 수(장)	8	9	6

공룡 딱지가 제일 많네.

모두들 고마워.

이미 배운 내용	이번에 배울 내용	앞으로 배울 내용
[2-1 여러 가지 도형] • ○, △, □ 알아보기 • 칠교판으로 모양 만들기 • ⬠, ⬡ 알아보기 • 똑같은 모양으로 쌓아보기 • 여러 가지 모양으로 쌓아보기	• 분류하기 • 기준에 따라 분류하기 • 분류하여 세어 보기 • 분류한 결과 말하기	**[2-2 표와 그래프]** • 분류한 자료를 표와 간단한 그래프로 나타내기

☀ **조사한 자료를 기준에 따라 분류해 보고 ☐ 안에 알맞은 말을 써넣으시오.**

분류할 때는 분명한 기준을 정해야 해.

1

➤색깔에 따른 분류

사람마다 맛있는 과일과 맛없는 과일이 다릅니다.

(1)

빨간색 과일	노란색 과일
㉠, ㉡, ㉣, ㉥	㉢, ㉤

(2)

맛있는 과일	맛없는 과일

(3) 분류할 때는 └ 분명한 ┘ 기준을 정해서 누가 분류를 하더라도 같은 결과가 나오도록 해야 합니다.

2

(1)

반팔 옷	긴팔 옷

(2)

예쁜 옷	예쁘지 않은 옷

(3) 분류할 때는 [   ] 기준을 정해서 누가 분류를 하더라도 같은 결과가 나오도록 해야 합니다.

3

(1)

날개가 있는 것	날개가 없는 것

(2)

무서운 것	무섭지 않은 것

(3) 분류할 때는 [   ] 기준을 정해서 누가 분류를 하더라도 같은 결과가 나오도록 해야 합니다.

☀ **조사한 자료를 주어진 기준에 따라 분류해 보시오.**

같은 자료를 보고 다른 기준으로 분류할 수 있어.

1

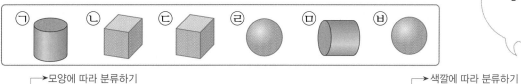

(1) →모양에 따라 분류하기

⬤ 모양	⬛ 모양	⬤ 모양
㉠, ㉢	㉡, ㉢	㉣, ㉤

(2) →색깔에 따라 분류하기

빨간색	초록색
㉠, ㉢	㉡, ㉢, ㉣, ㉤

2

(1)

모양	삼각형	원	사각형
기호			

(2)

구멍 수	2개	3개	4개
기호			

3

거울   단추   비스킷   동전   트라이앵글

피자   공책   교통표지판   색종이

(1)

먹을 수 있는 것	먹을 수 없는 것

(2)

원	삼각형	사각형

5

분류하기

☀ **주차장에 세워져 있는 자동차를 조사한 것입니다. 물음에 답하시오.**

물건을 분류할 때는 먼저 기준을 정해야 해.

1

자동차의 → 분류 기준 |종류|에 따라 분류해 보시오.

분류 기준	종류

종류	버스	승용차	트럭
번호	①, ⑦, ⑨, ⑩, ⑬	②, ④, ⑥, ⑧, ⑫, ⑭, ⑮	③, ⑤, ⑪

2 위의 기준과 다른 기준을 정하고 기준에 따라 분류해 보시오.

분류 기준	

번호				

3 칠교판의 조각을 자신이 정한 분류 기준에 따라 분류해 보시오.

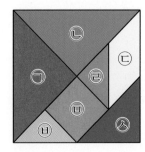

분류 기준	

조각 기호		

☀ 학생들이 좋아하는 것을 조사하여 나타낸 것입니다. 기준에 따라 분류하여 그 수를 세어 보시오.

여러 번 세거나 빠뜨리는 것이 없도록 표시를 하면서 세어 봐.

1

우유	주스	탄산음료	주스	요구르트
주스	우유	주스	우유	요구르트
요구르트	탄산음료	주스	요구르트	우유

종류	우유	주스	탄산음료	요구르트
세면서 표시하기	////	////	//	////
학생 수(명)	4	5	2	4

→ 정해진 기준에 따라 분류한 다음 그 수를 각각 세어 보면 가장 많은 것과 가장 적은 것을 알 수 있습니다.

2

사과	배	포도	사과
포도	사과	포도	배
포도	배	포도	사과
포도	사과	사과	포도

종류	사과		
세면서 표시하기	////		
학생 수(명)			

3

윷놀이	딱지치기	딱지치기	줄넘기
공기놀이	윷놀이	공기놀이	딱지치기
딱지치기	딱지치기	줄넘기	줄넘기
딱지치기	공기놀이	딱지치기	줄넘기

종류	윷놀이	딱지치기	
세면서 표시하기			
학생 수(명)			

5

분류하기

☀ 장난감 가게에 몬스터 장난감이 진열되어 있습니다. 물음에 답하시오.

먼저 자신이 정한 기준에 따라 분류해 봐.

1

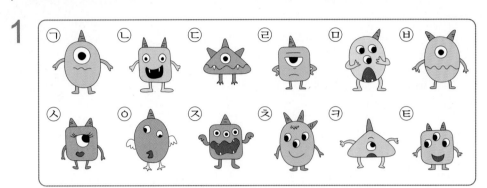

주어진 기준에 따라 분류하여 기호를 쓰고 그 수를 세어 보시오.

분류 기준	모양		
모양	◯ 모양	△ 모양	▢ 모양
기호	㉠, ㉢, ㉣, ㉧, ㉲	㉡, ㉵	㉢, ㉤, ㉨, ㉳, ㉺
장난감의 수(개)	5	2	5

분류 기준 →

2 나만의 기준에 따라 분류하여 그 수를 세어 보시오.

분류 기준			
▢			
기호			
장난감의 수(개)			

3 탈것을 나만의 기준에 따라 분류하여 그 수를 세어 보시오.

자전거	기차	헬리콥터	버스	오토바이	보트	승용차	잠수함

분류 기준			
▢			
탈것			
탈것의 수(개)			

☀ 어느 가게에서 하루 동안 팔린 물건들을 조사하였습니다. 물음에 답하시오.

오늘 가장 많이 팔린 우유가 내일도 가장 많이 팔릴 거라고 예상할 수 있어.

1

└─ 흰 우유

(1) 조사한 결과를 분류하여 그 수를 세어 보시오.

종류	딸기 우유	바나나 우유	초콜릿 우유	흰 우유
세면서 표시하기	////	///	////	//
우유의 수(개)	4	3	5	2

(2) 가게 주인이 내일 우유를 많이 팔기 위해 가장 많이 준비해야 하는 우유는

┌→ 오늘 가장 많이 팔린 우유를 알아봅니다.

  초콜릿 우유 입니다.

2

(1) 조사한 결과를 분류하여 그 수를 세어 보시오.

종류	짜장 라면	카레 라면		
세면서 표시하기	///////	//		
라면의 수(봉지)				

(2) 가게 주인이 내일 라면을 많이 팔기 위해 가장 많이 준비해야 하는 라면은

           입니다.

1 장바구니에 담긴 물건들을 다음과 같이 분류하였습니다. 분류 기준을 찾아 ◯표 하시오.

종류	색깔
( )	( )

2 분류 기준으로 알맞은 것을 모두 찾아 번호를 쓰시오. (   )

① 재미있는 것과 재미없는 것

② 공을 사용하는 것과 사용하지 않는 것

③ 좋아하는 것과 좋아하지 않는 것

④ 줄을 사용하는 것과 사용하지 않는 것

• 분류할 때는 분명한 기준을 정해야 합니다.

분명한 기준으로 분류하면 누가 분류 하더라도 같은 결과가 나와.

3 조사한 자료를 주어진 기준에 따라 분류하여 기호를 쓰시오.

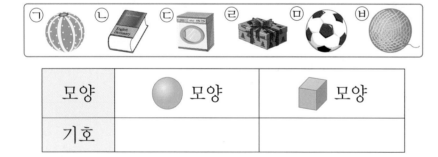

모양	⬤ 모양	🔷 모양
기호		

모양에 따라 분류할 때는 크기, 색깔 등에 관계없이 모양만으로 분류해야 돼.

4 카드 뒤집기 놀이를 하였습니다. 색깔별로 분류하여 세어 보고 어느 색깔의 카드가 더 많은지 써 보시오.

(   )

• 카드를 파란색과 흰색으로 분류하여 세어 봅니다.

[5~7] 다음 속성블록을 보고 물음에 답하시오.

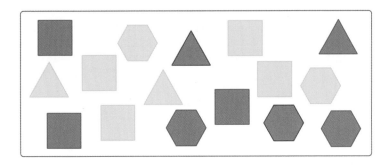

5 속성블록을 모양에 따라 분류하고 그 수를 세어 보시오.

모양	삼각형	사각형	육각형
블록의 수(개)			

• 여러 번 세거나 빠뜨리는 것이 없도록 표시를 하면서 셉니다.

6 속성블록을 기준을 정하여 분류하고 그 수를 세어 보시오.

블록의 수(개)			

• 모양, 색깔, 크기, 종류에 따라 자신만의 기준을 정하여 분류할 수 있습니다.

5

분류하기

7 위 5의 기준으로 분류하였을 때 가장 많은 블록의 모양을 쓰시오.

(   )

8 정호는 돈을 다음과 같이 분류하였습니다. 잘못 분류된 하나를 찾아 ○표 하시오.

왼쪽과 오른쪽에 있는 돈이 어떤 기준에 따라 분류된 것인지 먼저 생각해.

QR 코드를 찍어 보세요.

문제 생성기 새로운 문제를 계속 풀 수 있어요.
학습 게임 재미있는 학습 게임을 할 수 있어요.

6 곱셈

QR 코드를 찍어 보세요.
재미있는 학습 게임을
할 수 있어요.

학습 게임

제6화 콩콩이와 헤어질 시간

이거 봐라~
멋있지?

그게 뭔데?

새로 나온 캐릭터 카드인데
2개 있다. 갖고 싶지?

뭐야~ 난 네가
가진 카드의 4배를
갖고 있지.

헉!!

내 거 2개의
4배면 몇 개야?

2씩 4묶음은
8이야.

2씩 4묶음 ⇨ 2의 4배

헉! 많다.
나 좀 주면
안 돼?

욕심은……
넌 있잖아.
콩콩이 줄 거야.

으음……

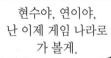

현수야, 연이야,
난 이제 게임 나라로
가 볼게.

앙~
가지마.

그래~ 가지마.

아냐. 이제 현수도
게임 실력이 늘었고
그만 가야돼.

아쉽다~.

가기 전에
마지막 부탁!

뭔데?

현수 게임 실력이
는 만큼 수학 실력도
늘었으면 좋겠어.

꿍~
약속할게.
공부 열심히!
약속!

믿음이……

그리고 이거
내가 아끼는
건데……. 사탕 3개
선물이야.

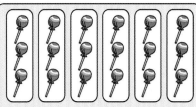

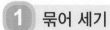

배운 것 확인하기

1 묶어 세기

☀ 그림을 보고 □ 안에 알맞은 수를 써넣으시오.

10개씩 묶음 ★개는 ★0이야.

1

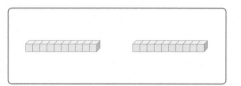

10개씩 묶음 │2│개는 │20│입니다.

2

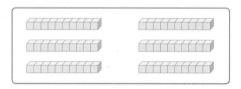

10개씩 묶음 □개는 □입니다.

3

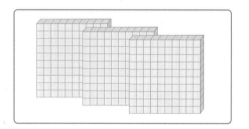

100개씩 묶음 □개는 □입니다.

4

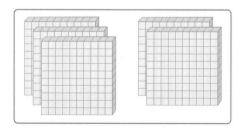

100개씩 묶음 □개는 □입니다.

2 뛰어서 세기

☀ 그림을 보고 □ 안에 알맞은 수를 써넣으시오.

1

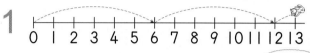

│6│씩 뛰어서 세었습니다.

몇씩 커지는지 알아보면 돼.

2

□씩 뛰어서 세었습니다.

3

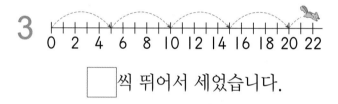

□씩 뛰어서 세었습니다.

4

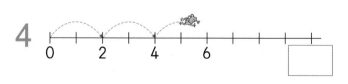

□씩 뛰어서 세었습니다.

5

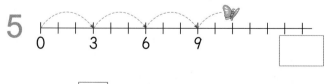

□씩 뛰어서 세었습니다.

뛰어서 세어 빈칸에 알맞은 수를 써넣으시오.

1

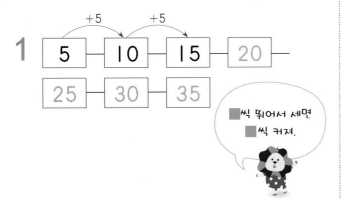

2

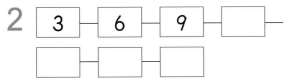

| 3 | 6 | 9 | | |

3

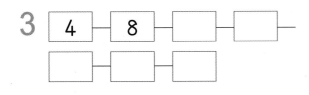

| 4 | 8 | | | |

4

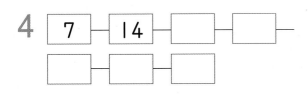

| 7 | 14 | | | |

5

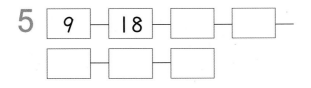

| 9 | 18 | | | |

---

3 덧셈하기

□ 안에 알맞은 수를 써넣으시오.

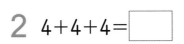

1 $2+2+2=4+2=\boxed{6}$

2 $4+4+4=\boxed{}$

3 $5+5+5=\boxed{}$

4 $8+8+8=\boxed{}$

5 $3+3+3+3=\boxed{}$

6 $6+6+6+6+6=\boxed{}$

7 $9+9+9+9+9=\boxed{}$

8 $7+7+7+7+7+7=\boxed{}$

6
곱셈

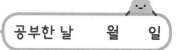

☀ 그림을 보고 뛰어서 세어 보고 ☐ 안에 알맞은 수를 써넣으시오.

1

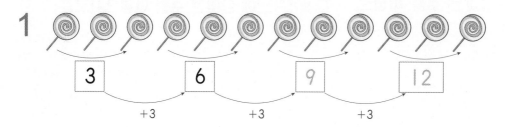

3	6	9	12

+3   +3   +3

♥씩 뛰어서 세면
♥씩 커져.

2

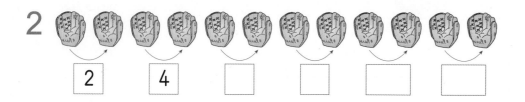

2	4	☐	☐	☐	☐

3

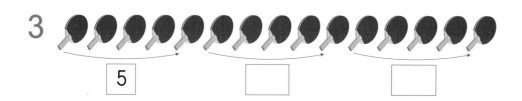

5	☐	☐

4

4	☐	☐	☐	☐

5

0   6   ☐   ☐   ☐

☀ 그림을 보고 묶어 세어 ☐ 안에 알맞은 수를 써넣으시오.

1

2씩 묶어 세기는 2씩 뛰어서 세는 것과 같아.

2 — 4 — 6 — 8
2씩 1묶음　2씩 2묶음　2씩 3묶음　2씩 4묶음

2

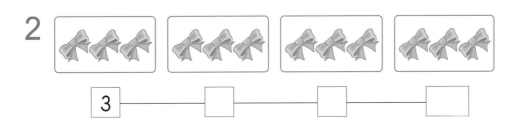

3 — ☐ — ☐ — ☐

3

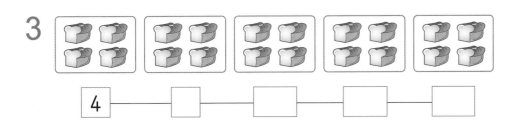

4 — ☐ — ☐ — ☐ — ☐

4

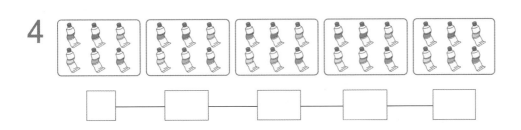

☐ — ☐ — ☐ — ☐ — ☐

5

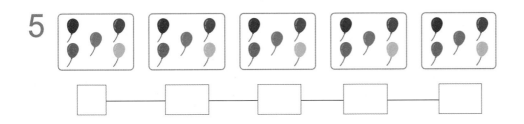

☐ — ☐ — ☐ — ☐ — ☐

6

곱셈

☀ ☐ 안에 알맞은 수를 써넣으시오.

1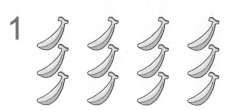

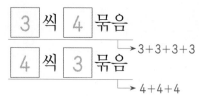
3 씩 4 묶음
→ 3+3+3+3
4 씩 3 묶음
→ 4+4+4

■씩 ▲묶음이면
■를 ▲번 더해.

2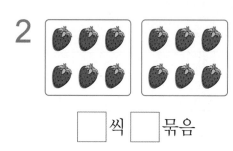

☐ 씩 ☐ 묶음

5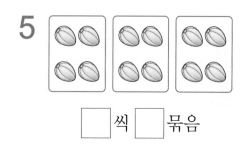

☐ 씩 ☐ 묶음

3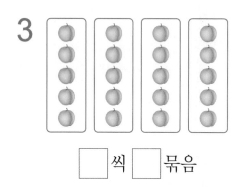

☐ 씩 ☐ 묶음

6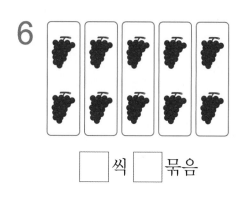

☐ 씩 ☐ 묶음

4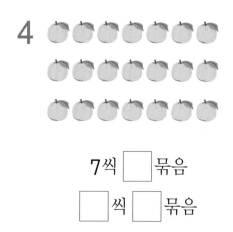

7씩 ☐ 묶음

☐ 씩 ☐ 묶음

7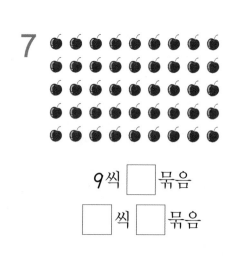

9씩 ☐ 묶음

☐ 씩 ☐ 묶음

☀ 그림을 보고 ☐ 안에 알맞은 수를 써넣으시오.

1

2씩 1묶음　2씩 2묶음　2씩 3묶음　2씩 4묶음

2씩 4 묶음

⇨ 2 + 2 + 2 + 2

주어진 수만큼 묶어 봐.

2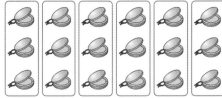

3씩 ☐ 묶음

⇨ ☐ + ☐ + ☐ + ☐
　 + ☐ + ☐

5

5씩 ☐ 묶음

⇨ ☐ + ☐ + ☐ + ☐
　 + ☐

3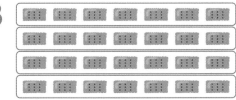

7씩 ☐ 묶음

⇨ ☐ + ☐ + ☐ + ☐

6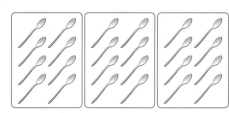

8씩 ☐ 묶음

⇨ ☐ + ☐ + ☐

4

6씩 ☐ 묶음

⇨ ☐ + ☐ + ☐

7

☐ 씩 4묶음

⇨ ☐ + ☐ + ☐ + ☐

6 곱셈

☀ 그림을 보고 ☐ 안에 알맞은 수를 써넣으시오.

2씩 묶어 몇 묶음인지,
4씩 묶어 몇 묶음인지
각각 세어 봐.

1

2의 ☐4 배는 8입니다.

4의 ☐2 배는 8입니다.

2씩 묶으면 4묶음이고, 4씩 묶으면 2묶음입니다.

2

2의 ☐ 배는 16입니다.

4의 ☐ 배는 16입니다.

3

4의 ☐ 배는 20입니다.

5의 ☐ 배는 20입니다.

4

3의 ☐ 배는 24입니다.

4의 ☐ 배는 24입니다.

5

6의 ☐ 배는 30입니다.

5의 ☐ 배는 30입니다.

6

4의 ☐ 배는 36입니다.

9의 ☐ 배는 36입니다.

☀ 주어진 말을 다음과 같이 나타내어 보시오.

1

3씩 4묶음

⇨ $\boxed{3}$ 의 $\boxed{4}$ 배

⇨ 3+3+3+3
  └─ 4번 ─┘

■씩 ▲묶음이면
■의 ▲배야.

2 5씩 4묶음

⇨ $\boxed{}$ 의 $\boxed{}$ 배

⇨ _____

6 6씩 3묶음

⇨ $\boxed{}$ 의 $\boxed{}$ 배

⇨ _____

3 3씩 6묶음

⇨ $\boxed{}$ 의 $\boxed{}$ 배

⇨ _____

7 2씩 5묶음

⇨ $\boxed{}$ 의 $\boxed{}$ 배

⇨ _____

4 8씩 7묶음

⇨ $\boxed{}$ 의 $\boxed{}$ 배

⇨ _____

8 7씩 9묶음

⇨ $\boxed{}$ 의 $\boxed{}$ 배

⇨ _____

5 5씩 8묶음

⇨ $\boxed{}$ 의 $\boxed{}$ 배

⇨ _____

9 9씩 4묶음

⇨ $\boxed{}$ 의 $\boxed{}$ 배

⇨ _____

6

곱셈

☀ 그림을 보고 ☐ 안에 알맞은 수를 써넣으시오.

1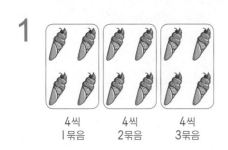

4씩 3묶음

⇒ ☐4 + ☐4 + ☐4

⇒ ☐4 × ☐3

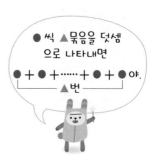
●씩 ▲묶음을 덧셈
으로 나타내면
●+●+……+●+●야.
└─── ▲번 ───┘

2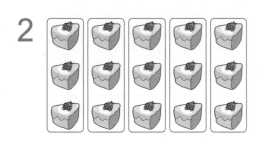

3씩 ☐묶음

⇒ ☐ + ☐ + ☐ + ☐ + ☐

⇒ ☐ × ☐

3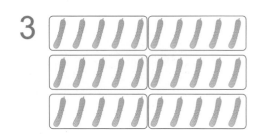

5씩 ☐묶음

⇒ ☐ + ☐ + ☐ + ☐ + ☐ + ☐

⇒ ☐ × ☐

4

☐씩 4묶음

⇒ ☐ + ☐ + ☐ + ☐

⇒ ☐ × ☐

5

☐씩 7묶음

⇒ ☐ + ☐ + ☐ + ☐ + ☐ + ☐ + ☐

⇒ ☐ × ☐

☀ 그림을 보고 ☐ 안에 알맞은 수를 써넣고, 읽어 보시오.

1

2씩 6묶음 ⇨ 2의 6배

$2 \times \boxed{6}$

⇨ _2 곱하기 6_

몇씩 묶어야
하는지 또는 몇 묶음이
되는지 알아봐.

2

$3 \times \boxed{}$

⇨ _____

5

$5 \times \boxed{}$

⇨ _____

3

$4 \times \boxed{}$

⇨ _____

6

$6 \times \boxed{}$

⇨ _____

4

$\boxed{} \times 8$

⇨ _____

7

$\boxed{} \times 4$

⇨ _____

6
곱셈

☀ 그림을 보고 ☐ 안에 알맞은 수를 써넣으시오.

1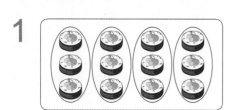

3씩 4 묶음은 12 입니다.

⇨ 3 × 4 = 12

■씩 ▲묶음이면
■×▲로 나타낼 수 있어.

2

4씩 ☐ 묶음은 ☐ 입니다.

⇨ ☐ × ☐ = ☐

3

5씩 ☐ 묶음은 ☐ 입니다.

⇨ ☐ × ☐ = ☐

4

7씩 ☐ 묶음은 ☐ 입니다.

⇨ ☐ × ☐ = ☐

5

☐ 씩 3묶음은 ☐ 입니다.

⇨ ☐ × ☐ = ☐

6

☐ 씩 5묶음은 ☐ 입니다.

⇨ ☐ × ☐ = ☐

☀ 그림을 보고 ☐ 안에 알맞은 수를 써넣으시오.

1

┌ 3씩 2묶음은 3의 2배입니다.

3의 2배는 　6　입니다.

→ 3+3=6

3 × 　2　 = 　6　

'3의 2배는 6입니다.' 를 3×2=6이라 쓰고, 이와 같은 식을 '곱셈식' 이라고 해.

2

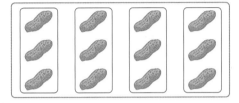

3의 4배는 ☐ 입니다.

3 × ☐ = ☐

3

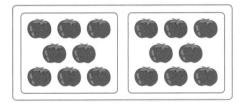

8의 ☐ 배는 ☐ 입니다.

8 × ☐ = ☐

4

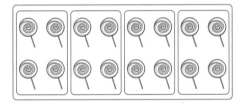

4의 ☐ 배는 ☐ 입니다.

☐ × ☐ = ☐

5

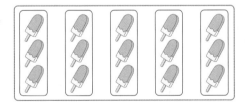

☐ 의 ☐ 배는 ☐ 입니다.

☐ × ☐ = ☐

6

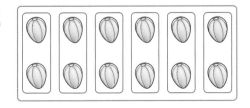

☐ 의 ☐ 배는 ☐ 입니다.

☐ × ☐ = ☐

6

곱셈

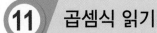

 곱셈식을 읽어 보시오.

■ × ● = ★
⇨ ■ 곱하기 ● 는 ★과
같습니다.

1 곱셈식   4×2=8

읽기   ☐4 곱하기 ☐2 는 ☐8 과 같습니다.

2 곱셈식   2×7=14

읽기   ☐ 곱하기 ☐ 은 ☐ 와 같습니다.

3 곱셈식   3×4=12

읽기   ☐ 곱하기 ☐ 는 ☐ 와 같습니다.

4 곱셈식   5×6=30

읽기   _____

5 곱셈식   7×5=35

읽기   _____

6 곱셈식   8×3=24

읽기   _____

☀ 주어진 말을 곱셈식으로 나타내어 보시오.

2×4=8과 같은 식을
'곱셈식' 이라고 해.

1 2 곱하기 4는 8과 같습니다. ⇨ $\boxed{2}$ × $\boxed{4}$ = $\boxed{8}$
　　　×　　　　　　　=

2 3 곱하기 7은 21과 같습니다. ⇨ $\boxed{}$ × $\boxed{}$ = $\boxed{}$

3 4 곱하기 3은 12와 같습니다. ⇨ $\boxed{}$ × $\boxed{}$ = $\boxed{}$

4 7 곱하기 6은 42와 같습니다. ⇨ $\boxed{}$ × $\boxed{}$ = $\boxed{}$

5 9 곱하기 3은 27과 같습니다. ⇨ _____

6 2 곱하기 8은 16과 같습니다. ⇨ _____

7 8 곱하기 9는 72와 같습니다. ⇨ _____

8 6 곱하기 4는 24와 같습니다. ⇨ _____

6

곱셈

☀ 주어진 말을 덧셈식과 곱셈식으로 각각 나타내어 보시오.

1

6의 3배

⇨ 6+6+6=18

⇨ 6×3=18

6의 3배는 ■입니다.
⇨ 6+6+6=■
⇨ 6×3=■

2 3의 2배

⇨ _____

⇨ _____

5 8의 4배

⇨ _____

⇨ _____

3 7의 5배

⇨ _____

⇨ _____

6 5의 3배

⇨ _____

⇨ _____

4 6의 8배

⇨ _____

⇨ _____

7 4의 9배

⇨ _____

⇨ _____

☀ **덧셈식을 곱셈식으로 나타내어 보시오.**

■를 ▲번 더한 값은
■ 곱하기 ▲와 같아.

1 $3+3+3+3=12 \Rightarrow \boxed{3} \times \boxed{4} = \boxed{12}$

4번
3을 4번 더한 것은 3 곱하기 4와 같습니다.

2 $2+2+2=6 \Rightarrow \boxed{} \times \boxed{} = \boxed{}$

3 $4+4+4+4=16 \Rightarrow \boxed{} \times \boxed{} = \boxed{}$

4 $7+7+7+7+7=35 \Rightarrow \boxed{} \times \boxed{} = \boxed{}$

5 $6+6+6+6=24 \Rightarrow \boxed{} \times \boxed{} = \boxed{}$

6 $8+8+8+8+8+8=\boxed{} \Rightarrow \boxed{} \times \boxed{} = \boxed{}$

7 $5+5+5+5+5+5+5=\boxed{} \Rightarrow \boxed{} \times \boxed{} = \boxed{}$

8 $3+3+3+3+3+3+3+3+3=\boxed{} \Rightarrow \boxed{} \times \boxed{} = \boxed{}$

6
곱셈

15 곱셈식을 덧셈식으로 나타내기

☀ 곱셈식을 덧셈식으로 나타내어 보시오.

▲×5
=▲+▲+▲+▲+▲
⇨ ▲의 5배는 ▲를 5번
더한 것과 같아.

1 3×5=15 ⇨ 3+3+3+3+3=15
→5번

3과 5의 곱은 3을 5번 더한 것과 같습니다.

2 4×3=12 ⇨ _____

3 5×4=20 ⇨ _____

4 7×5=35 ⇨ _____

5 8×3=24 ⇨ _____

6 6×6=36 ⇨ _____

7 9×7=63 ⇨ _____

8 2×9=18 ⇨ _____

☀ **문제에 알맞은 곱셈식을 쓰고, 답을 구하시오.**

■씩 ●묶음
■씩 ●줄
■ 의 ●배
⇨ ■×●

1 아버지의 나이는 지민이의 나이의 **4**배입니다. 지민이의 나이가 **9**살이라면 아버지의 나이는 몇 살일까요?

(지민이의 나이)×4

식 　　　9×4＝36　　　　　답 　　　36살

2 현수는 색종이를 **6**장씩 **5**묶음 가지고 있습니다. 현수가 가지고 있는 색종이는 모두 몇 장일까요?

식 _____　　답 _____

3 상자에 탁구공이 **8**개씩 **3**줄 들어 있습니다. 상자에 들어 있는 탁구공은 모두 몇 개일까요?

식 _____　　답 _____

4 단추 한 개에 구멍이 **2**개 있습니다. 단추 **6**개에 있는 구멍은 모두 몇 개일까요?

식 _____　　답 _____

5 세발자전거가 **8**대 있습니다. 세발자전거 **8**대의 바퀴는 모두 몇 개일까요?

식 _____　　답 _____

6

곱셈

1 묶어 세어 보고 ☐ 안에 알맞은 수를 써넣으시오.

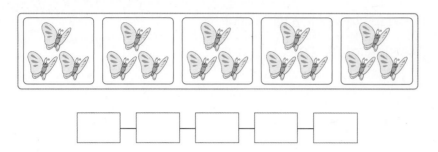

☐ — ☐ — ☐ — ☐ — ☐

• ■씩 묶어 세기는 ■씩 뛰어서 세기와 같습니다.

2 그림을 보고 ☐ 안에 알맞은 수를 써넣으시오.

5개씩 ☐ 묶음

⇨ 5의 ☐ 배

3 그림을 보고 빈칸에 알맞은 곱셈식으로 나타내어 보시오.

🍀	🍀 🍀	🍀 🍀 🍀	🍀 🍀 🍀 🍀
4×1=4			

■씩 ▲묶음이 ●이면

■×▲=●이야.

4 ☐ 안에 알맞은 수를 써넣으시오.

8+8+8+8+8= ☐ ⇨ 8× ☐ = ☐

●+●+……+●+●
└──── ▲번 ────┘
=●×▲

5 곱셈식을 읽어 보시오.

5×9=45

⇨ _____

■×▲=●

⇨ ■ 곱하기 ▲ 는 ●와 같습니다.

6 그림을 보고 □ 안에 알맞은 수를 써넣으시오.

■씩 ▲묶음은
■의 ▲배이고
■+■+……+■+■야.
└─ ▲번 ─┘

(1) 6씩 5묶음은 □의 □배입니다.

(2) 6의 5배는 6+6+6+6+6=□입니다.

(3) 6의 □배는 30입니다.

7 자동차의 수를 덧셈식과 곱셈식으로 나타내어 보시오.

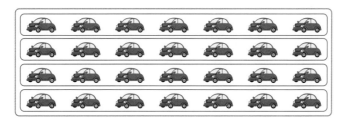

> • 자동차가 한 묶음에 몇 개씩
> 인지 세어 본 다음 몇 묶음인
> 지 알아봅니다.

덧셈식 _____

곱셈식 _____

8 운동장에 학생들이 한 줄에 9명씩 6줄로 섰습니다. 운동장에 줄을 선 학생은 모두 몇 명인지 곱셈식을 쓰고, 답을 구하시오.

식 _____ 답 _____

QR 코드를 찍어 보세요.
문제 생성기 새로운 문제를 계속 풀 수 있어요.
학습 게임 재미있는 학습 게임을 할 수 있어요.

6
곱
셈

투명 퍼즐 맞추기

주어진 투명 퍼즐 조각을 모두 겹쳐 퍼즐 판에 꼭 맞게 놓으려고 합니다. 퍼즐 판의 각각의 칸에는 어떤 숫자가 놓이게 될까요? 빈 곳에 알맞은 숫자를 써넣으세요.

[투명 퍼즐 조각 겹치는 방법]

· 투명 퍼즐 조각을 돌리거나 뒤집으면 안 됩니다.

· 투명 퍼즐 조각을 겹칠 때에는 같은 숫자가 만나도록 겹쳐야 합니다.

4	2
1	3

겹칩니다.

3	4
1	2

→

4	2	
1	3	4
	1	2

1	2
4	3

3	1
4	2

1	3
2	4

4	2
1	3

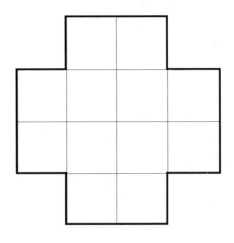

정답